U0196808

"博雅大学堂·设计学专业规划教材"编委会

主 任

潘云鹤 （中国工程院原常务副院长，国务院学位委员会委员，中国工程院院士）

委 员

潘云鹤

谭 平 （中国艺术研究院副院长、教授、博士生导师，教育部设计学类专业教学指导委员会主任）

许 平 （中央美术学院教授、博士生导师，国务院学位委员会设计学学科评议组召集人）

潘鲁生 （山东工艺美术学院院长、教授、博士生导师，教育部设计学类专业教学指导委员会副主任）

宁 钢 （景德镇陶瓷大学校长、教授、博士生导师，第7届国务院学位委员会学科评议组设计学成员）

何晓佑 （原南京艺术学院副院长、教授、博士生导师，教育部设计学类专业教学指导委员会副主任）

何人可 （湖南大学教授、博士生导师，教育部设计学类专业教学指导委员会副主任）

何 洁 （清华大学教授、博士生导师，教育部设计学类专业教学指导委员会副主任）

凌继尧 （东南大学教授、博士生导师，第5、6届国务院学位委员会学科评议组艺术学成员）

辛向阳 （原江南大学设计学院院长、教授、博士生导师）

潘长学 （武汉理工大学艺术与设计学院院长、教授、博士生导师）

执行主编

凌继尧

设计学专业规划教材 工业设计/产品设计系列

家具设计

周橙旻 王玮 著

Furniture
Design

北京大学出版社
PEKING UNIVERSITY PRESS

图书在版编目（CIP）数据

家具设计 / 周橙旻，王玮著. —北京：北京大学出版社，2019.9
（博雅大学堂·设计学专业规划教材）
ISBN 978-7-301-30657-4

Ⅰ. ①家⋯ Ⅱ. ①周⋯ ②王⋯ Ⅲ. ①家具 – 设计 – 高等学校 – 教材
Ⅳ. ① TS664.01

中国版本图书馆 CIP 数据核字（2019）第 177460 号

书　　　名	家具设计
	JIAJU SHEJI
著作责任者	周橙旻　王　玮 著
责任编辑	赵　维
标准书号	ISBN 978-7-301-30657-4
出版发行	北京大学出版社
地　　　址	北京市海淀区成府路 205 号　100871
网　　　址	http：//www. pup. cn　　　新浪微博：@ 北京大学出版社
电子信箱	pkuwsz@126.com
电　　　话	邮购部 010–62752015　发行部 010–62750672　编辑部 010–62707742
印　刷　者	北京中科印刷有限公司
经　销　者	新华书店
	710 毫米 ×1000 毫米　16 开本　11.75 印张　195 千字
	2019 年 9 月第 1 版　2019 年 9 月第 1 次印刷
定　　　价	58.00 元

C目录
ontents

P丛书序
Preface

　　北京大学出版社在多年出版本科设计专业教材的基础上，决定编辑、出版"博雅大学堂·设计学专业规划教材"。这套丛书涵括设计基础／共同课、视觉传达设计、环境艺术设计、工业设计／产品设计、动漫设计／多媒体设计等子系列，目前列入出版计划的教材有 70—80 种。这是我国各家出版社中，迄今为止数量最多、品种最全的本科设计专业系列教材。经过深入的调查研究，北京大学出版社列出书目，委托我物色作者。

　　北京大学出版社的这项计划得到我国高等院校设计专业的领导和教师们的热烈响应，已有几十所高校参与这套教材的编写。其中，985 大学 16 所：清华大学、浙江大学、上海交通大学、北京理工大学、北京师范大学、东南大学、中南大学、同济大学、山东大学、重庆大学、天津大学、中山大学、厦门大学、四川大学、华东师范大学、东北大学；此外，211 大学有 7 所：南京理工大学、江南大学、上海大学、武汉理工大学、华南师范大学、暨南大学、湖南师范大学；艺术院校 16 所：南京艺术学院、山东艺术学院、广西艺术学院、云南艺术学院、吉林艺术学院、中央美术学院、中国美术学院、天津美术学院、西安美术学院、广州美术学院、鲁迅美术学院、湖北美术学院、四川美术学院、北京电影学院、山东工艺美术学院、景德镇陶瓷大学。在组稿的过程中，我得到一些艺术院校领导，如山东工艺美术学院院长潘鲁生、景德镇陶瓷大学校长宁钢等的大力支持。

　　这套丛书的作者中，既有我国学养丰厚的老一辈专家，如我国工业设计的开拓者和引领者柳冠中，我国设计美学的权威理论家徐恒醇，他们两人早年都曾在德国访学；又有声誉日隆的新秀，如北京电影学院的葛竞。很多艺术院校的领导承担了丛书的写作任务，他们中有天津美术学院副院长郭振山、中央美术学院城市设计学院院长王中、北京理工大学软件学院院长丁刚毅、西安美术学院院长助理吴昊、山东工艺美术学院数字传媒学院院长顾群业、南京艺术学院工业设计学院院长李亦文、南京工业大学艺术设计学院院长赵慧宁、湖南工业大学包装设计艺术学院院长汪田明、昆明理工大学艺术设计学院院长许佳等。

除此之外，还有一些著名的博士生导师参与了这套丛书的写作，他们中有上海交通大学的周武忠、清华大学的周浩明、北京师范大学的肖永亮、同济大学的范圣玺、华东师范大学的顾平、上海大学的邹其昌、江西师范大学的卢世主等。作者们按照北京大学出版社制定的统一要求和体例进行写作，实力雄厚的作者队伍保障了这套丛书的学术质量。

2015 年 11 月 10 日，习近平总书记在中央财经领导小组第十一次会议首提"着力加强供给侧结构性改革"。2016 年 1 月 29 日，习近平总书记在中央政治局第三十次集体学习时将这项改革形容为"十三五"时期的一个发展战略重点，是"衣领子""牛鼻子"。根据我们的理解，供给侧结构性改革的内容之一，就是使产品更好地满足消费者的需求，在这方面，供给侧结构性改革与设计存在着高度的契合和关联。在供给侧结构性改革的视域下，在大众创业、万众创新的背景中，设计活动和设计教育大有可为。

祝愿这套丛书能够受到读者的欢迎，期待广大读者对这套丛书提出宝贵的意见。

凌继尧

2016 年 2 月

F 前言
Foreword

　　本教材主要关注家具设计，从技能到手法再到观念，围绕家具设计的表现方式与训练方法，进行不同层次的、循序渐进的讲解。除了强调基础性表现技巧、视觉表现语言外，兼辅以科学性、逻辑性的学习方法，力争做到深入浅出地展开有步骤、有章法的训练，而不局限于刻板的理论及技能讲解，并将绘画表现及个性表现列为教学的重点。本教材一方面能开拓学习者的视野，加深其对效果图概念的理解；另一方面，可以使读者对手绘这一表达方式的优势有更清晰的认识。对艺术生而言，手绘的表达方式更能发挥出其拥有的造型艺术上的优势。

　　此书的写作以实用性、可操作性为中心思想，图例选编以与课堂教学相关的具体内容为主轴，并对效果图在不同空间有可能产生的功能与效果变化做了全方位和前瞻性的探讨。

　　书中收纳了部分资深从业者的实践案例，以期学习者能通过了解效果图的过去及现在，审视其表现技法在未来可能发生的变化，洞悉本行业有可能产生的变革，继而达到活学活用的教学目的。教师进行课堂理论教学时，应结合各种技法和相关的美学法则来进行具体的绘图讲解，初学者的优秀之处和短板，均会呈现在教与学的过程中，以帮助学习者做到"优则取之，劣则蔽之"。

　　本书可作为高等院校环境艺术设计和建筑室内设计等相关专业的教材，也可供建筑、装饰等相关行业的设计师及爱好者参考和使用。

绪 论

第一节 家具设计的概念与意义

汉代许慎《说文解字》曰："家，居也；具，供置也。"明代梅鹰祚《字汇·八部》曰："具，器具也。" 在我国，"家具"一词约在公元 2—3 世纪时出现。《晋书·王述传》云："述家贫，求试宛陵令，颇受赠遗，而修家具。"这里的"家具"是指室内各类器具。现如今在《中国大百科全书·轻工卷》中给家具下的定义是：家具（furniture）是人类日常生活和社会活动中使用的，具有坐卧、凭倚、贮藏、间隔等功能的器具。一般由若干个零部件按一定的结合方式装配而成。家具已成为室内外装饰的一个组成部分。家具也跟随时代的脚步不断发展创新，到如今门类繁多，用料各异，品种齐全，用途不一。

家具设计是为了满足生产者和使用者的各种需求，进行策划、构思，并通过各种设计表现手段（视觉影像、模型和样品）将之表达出来的一种创造性的活动。家具设计涉及市场、心理、人体工学、材料、结构、工艺、美学、民俗、文化等诸多领域。

现代家具设计始于欧洲 19 世纪中期的工业革命，至今已有 150 多年的历史。西方现代家具设计一直与现代建筑、现代科技、现代材料工艺的发展同步，经历了一波又一波的设计革新运动。现代家具设计大师群星灿烂，涌现出许多家具经典名作。特别是第二次世界大战后，形成了以美国、北欧、意大利为中心的现代家具设计三大流派，奠定了现代家具的设计理念和理论基础。中国家具设计在经历明清家具的辉煌之后沉寂了近百年，一直到 20 世纪 80 年代才开始觉醒，奋起直追西方现代家具发展的步伐。面对国际家具市场的激烈竞争，以及国内家具行业对家具设计的强烈呼唤，建设融合东西方家具文化，科学构造中国现代家具设计的教育体系已经刻不容缓、势在必行。现代家具设计是在现代工业化生产方式的基础上，融合艺术设计学、建筑学、技术美学、现代材料学、现代加工工艺学、人体工学等形成的一门学科，是一门极具综合性与创造性、集科学技术与艺术创造的复合型学科。要成为一名合格的现代家具设计师，必须具备扎实的专业基础、创造性的思维方式，以及科学的设计方法，而具体的设计实践是非常重要的。随着经济全球化的到来，中国加入 WTO 后，知识产权保护越来越成为世界各国普遍尊崇的国际法律准则，一段时期以来中国家具业大肆模仿与抄袭国外家具设计的现象将会逐渐消失。21 世纪将是中国家具的设计时代，家具产品的设计创新将成为中国家具业腾飞的翅膀，成为家具企业的生命力、竞争力、形象力之所在。

1. 家具是质朴生活方式的体现

人类的生活行为有三分之二的时间是与家具直接接触的，人的基本行为都离不开家具的支撑，人生活的空间环境也是由家具的围合而产生的。从另一种意义上看，家具实现着人类的生活行为，也创造着人类生活的空间。正是在这种意义上，人类才在生活行为中更方便、更安全、更舒适，从而更有归属感。家具也是使用者个性生活方式的缩影。因为群体、阶级、民族、国家不同，人们在工作、学习、娱乐、烹饪、进餐等方面的方式也有着强烈的差异，有着不同生活方式的人会选择不同的家具。享受生活的人会选择舒适的家具，严谨的人会选择规整的家具，时尚的人会选择前卫的家具，保守的人会选择古典风格的家具。不同人的年龄、性别、心理特征、文化素质、信仰爱好、价值观念差异更大，所以可以说，选择一种家具就是选择了一种生活方式。

2. 家具是生活情感的精神诠释

家具作为一种物质生产形态，种类数量繁多，风格各异，而且随着社会的发展，其风格变化和更新浪潮还将更加迅速和频繁。在使用家具的过程中，家具的造型、色彩等艺术元素能通过感观使人产生一系列的心理与生理的反应，而这种反应正体现了家具使用者的审美情趣，传达了使用者对美的理解和对美学的情感诉求。正因为这样，家具成为了人类生活情感表达和沟通的空间载体。

第二节　家具设计的分类与内容

可以从很多维度对家具进行分类：

按风格可以分为：现代家具、后现代家具、欧式古典家具、美式家具、中式古典家具、新古典家具、新装饰家具、韩式田园家具、地中海家具等。

按材料可以分为：石材家具、实木家具、板木家具、竹藤家具、金属家具，以及其他材料组合如玻璃、陶瓷、无机矿物、纤维织物、树脂家具等。

按职能可以分为：办公家具、户外家具、客厅家具、卧室家具、书房家具、儿童家具、餐厅家具、卫浴家具、厨卫家具（设备）和辅助家具等。

按结构分类：整装家具、拆装家具、折叠家具、组合家具、连壁家具、悬吊家具等。

按功能可以分为：支撑类家具、贮藏类家具、凭依类家具、工具用具类家具等。

按造型可以分为：普通家具、艺术家具。

按档次可以分为：高档、中高档、中档、中低档、低档家具等。

家具设计包括家具新产品策划调研、家具设计图、家具的具体使用功能、家具的比例尺寸、家具的造型设计（三维效果图）、家具的结构设计（结构装配图、部件图、零件图、大样图）、家具的工艺设计（原辅材料计算明细表、工艺卡片、工艺过程线路图）、使用设备和工作位置明细表、家具的包装设计、家具的经济效益评估等。

家具设计的三个基本要素包括：

①使用功能。任何一件家具的存在都具有特定的使用功能的要求，家具设计与纯艺术创作的差异之处就是要将实用与审美统一。使用功能是家具设计的前提。

②制造与工艺。优秀的家具设计不是只画出来或用计算机三维效果图渲染出来就完成了，关键是能够制造出来，能成为批量生产的实物产品，并符合材料、结构、工艺的要求。否则，再漂亮的效果图，再独特的创意都只能是"纸上谈兵"。所以，在设计中一定要把设计建立在物质技术条件的基础上。

③文化内涵与审美创造。家具具有生活实用品和文化艺术品的双重特征，它一方面要满足人们日常工作和生活上的实用需求，另一方面又要满足人们在生活中的艺术

审美需求。家具在造型上必须符合艺术造型的美学规律和形式美法则，在很多特定的空间里，家具本身就是件室内陈列的艺术品，或是具有雕塑般的形式美。

根据上述家具设计的关键要素，设计师需要把各设计要素协调起来，在其中寻找全新的视角与切入点，这是设计创意最重要的工作。

产品设计从最初的创意构思到初步的概念草图、效果图、功能分析图、三视图、部件图，不仅反映着产品创意的产生和发展，而且还以形象化直观的图画语言传达设计功能。所以，手的图形表现能力与电脑图形和图像设计能力尤为重要，人脑与电脑、手与鼠标、手与笔、手与工具的协调统一将为现代设计师带来一个全新的设计空间。就产品开发的初步设计而言，随意的设计草图能以简练的线条记录和表达许多以文字形式难以表述清楚的想法。设计草图（图 1-1）分为概念草图、提炼草图和结构草图等。在整个设计构思中，阶段性、小结性的想法，都用图画形象来作为记录，这需要有众多草图。同时，不断地用新的草图对设计思路进行归纳、提炼和修改，形成初步的设计造型形象，将为下一步的深化设计和细节研究打下扎

图 1-1 家具设计草图

实的基础。

家具设计图分为循序渐进的几个阶段，家具产品开发设计也是一个系统化的进程，这个过程从最初的概念草图开始，逐步深入产品的形态结构、材料、色彩等相关因素的整合发展与完善，这一过程中不断地用视觉化的图形语言来进行表达，这就是设计的深化与细节研究。在深化设计与细节研究的阶段，更应加强与设计委托单位的沟通，如前往家具生产第一线，到家具材料、五金配件的工厂、商场做实地考察，并与生产制造部门多加沟通，使家具设计进一步完善。在完成了初步设计与深化设计后，要把设计的阶段性结果和成熟性创意表达出来，作为设计评判依据送交有关方面审查之后，再提供给生产技术部门作为制造的依据。关于三维立体效果图和比例模型制作。效果图和模型要准确、真实、充分地反映未来家具新产品的造型、材质、肌理与色彩，并解决与造型、结构有关的制造工艺问题。

三维立体效果图（图1-2）是将家具的形象用空间投影透视的方法，通过彩色立体形式表达出的、具有真实观感的产品形象，它在充分表达设计创意内涵的基础上，从结构、透视、材质、光影、色彩等许多元素上加强表现力，以达到视觉上的立体真实效果。家具产品开发设计不同于其他设计，它是立体物质的实体性设计，单纯依靠设计效果图检验不出实际造型产品的空间体量关系和材质肌理。因此模型制作是家具由设计向生产转化阶段的重要一环。家具产品的最终形象和品质感，尤其是家具造型中的微妙曲线、材质肌理感必须辅以各种立体模型来加以推敲，然后对设计方案进行检测和修改。模型制作完成后可配以一定的仿真环境背景拍成照片，进一步为设计评估和设计展示所用。模型制作要通过设计评估的研讨与确定后，才能进一步转入制造工艺环节。

在家具效果图和模型制作结束之后，整个设计便转入制造工艺环节。家具制造工艺图是设计

图1-2 家具三维立体效果图

开发的最后工作程序，是新产品投入批量生产的基本工程技术文件和重要依据。家具工艺图必须按照国家制图标准（SG137–78家具制图标准）绘制，包括总装配图、零部件图，以及加工说明与要求、材料等方面的内容。家具制造工艺图纸要严格按照工程文件的标准进行档案管理，图号、图纸、编目要清晰，底图一定要归档留存，以便不断复制和检索。

总的来说，在家具设计中，有几大必须要遵守的原则：实用性（耐用性、舒适性）、创造性（发散性思维）、艺术性（视觉审美、精神享受）、工艺性（材料的多样化、部件装配化、产品标准化、加工连续化）、经济性（性价比）、安全性（绿色理念、整个产品生命周期的可循环和资源优化利用）、科学性（数据化、批量化）、系统性（配套性、综合性、标准化）、可持续性（资源的持续利用）。

第三节　家具行业的发展趋势

家具作为最贴近生活的物品之一，在现代生活潮流中扮演着个性化的角色，而个性化的塑造和情感化的培育离不开设计。这使得各类设计师逐渐走上家具设计的舞台，家具企业也纷纷向国内外专业设计院校的人才抛出橄榄枝。产品设计，家具展厅设计，家具摆场设计，产品形象和企业形象设计方面的人才都是家具行业需要的。家具行业也正逐渐从设计产品、设计卖场走向设计生活的境界。家具市场的发展引发消费心理的变化。例如以前我们的家具是可以代代相传的，红木家具（图1-3）的珍贵表明了古代家具消费的长久性，我们的父辈多多少少都继承过祖辈的家具，坚实耐用是家具质量的代名词。

现在，随着房地产产业的发展和现代生活质量的迅速提升，欧美风格开始进入中国市场。古典的美式家具，简约的北欧家具(图1-4)都丰富了家具产品的种类，极大地扩宽了消

图1-3　红木圈椅

图 1-4　简约的北欧家具

费者的选择范围。时尚的变迁也带动着消费者心态的变化，人们开始注重家具的选择，家具的文化含量逐步增加，家具的消费周期也正在悄悄地缩短。家具行业的发展促进了家具设计的发展，可以说设计家具就是设计一种生活方式，将艺术和科学进行了融合。

课后讨论

1. 谈谈家具设计的核心内容，以及设计时需要注意的关键点有哪些。

2. 从目前国内家具行业的发展现状讨论家具设计的趋势。

家具设计的思维方法与创新

第一节　家具设计方法概述

1. 设计、家具设计与家具设计方法的基本概念

设计伴随着人类社会的进步和发展正日益重要起来，逐步成为人类生活中不可或缺的一部分。设计的历史十分久远，但直至 20 世纪，设计才被作为一门独立的学科来进行理论归纳和阐述研究。

设计的英文为"design"，来源于拉丁语"desinare"；它从 16 世纪的意大利文"desegno"开始，有了今天的"design"的含义。"design"作为名词时，一指计划 (plan)；二指设计图、图样；三指美术工艺品的设计。"design"作为动词时，有两方面含义：一方面是相对于名词中的"计划"，主要指计划、预谋、预定；另一方面是绘画、设计的动词形式。在现代汉语中，"设计"是指在正式做某项工作之前，根据一定的目的和要求，预先制定方法、图样等。其最基本的意义是计划，即为实现具体的目标而建立方案。现代设计从广义角度理解，包含社会、科学和经济等多重意义，体现了从构思、行为到实现价值的创造性过程。现代设计可谓包罗万象，人造的任何对象都可以看作设计的产物。可以说设计其实就是人类把自己的意志附加在自然界之上，用以创造人类文明的种种广泛的活动，设计是一种文明。

家具设计是现代工业产品设计的一个分支，需要对家具进行事先构想、计划与绘制。家具设计不是凭空发明创造，也不是单纯的艺术创作，而要综合使用功能、审美文化、结构、材料、制造工艺等多种因素。家具具有物质性与精神性这二重功能，它是物质文化、艺术文化和精神文化的整合，是生活方式的缩影，设计家具其

实是在设计一种生活方式。

使用功能、制造工艺、文化内涵与审美创造，是家具设计的三个基本要素，这在前文已做过介绍。

家具设计研究首先应注重技术研究。设计技术不一定是手头的工作，也可能是头脑中的思考成分占主要地位，不过多数还是由手和眼这些肉体器官的灵活动作所承担的，在这个意义上，设计的技法显得重要起来。研究家具设计也要注意理论研究，家具设计领域中，理论研究主要是关于形和色的研究，前者叫作形态的理论或者形态学，后者叫作色彩理论或色彩学，设计师在这两个方面的知识不可或缺。家具设计研究还要扩展到历史领域，了解相关的历史文化，这在国际交流日益频繁的今天，显得越来越重要。从理论和实践的结合上综合掌握家具设计的基本规律，作为设计家具时的借鉴，使家具设计更好地适应社会发展需求。

设计师应了解家具的使用功能，熟悉家具生产的新材料、新工艺，以充分发挥家具艺术的独创性。此外，尚需要了解家具设计语言的"群众性""民族性""时代性""多样性"，以及"装饰性""适应性"等特点。

除了掌握本专业的知识技能外，设计师应深入体验生活，善于调查研究。

家具设计同其他工业产品的设计一样，是一项计划性极强的创造活动，应有完善正确的方法来引领。家具设计的创造活动包括最基本的技术手段、具体的设计方法、通用的设计原则，并能上升到设计哲学层面，是一个由低到高、由点及面的全过程。家具设计方法论就是以家具为研究对象，探讨家具设计的一般方法与规律。对家具设计方法的研究及其在实践中恰当的应用，对家具设计的最终效果至关重要。

2. 家具设计的特征

家具设计就是为了满足人们对家具产品的使用和审美需要所进行的构想与规划，通过采用手绘表达、计算机模拟和模型样品制作等表现手法，使这种构想与规划视觉化、物态化、量产化，即围绕材料、结构、形态、色彩、表面加工、装饰等，赋予家具产品新的形式、品质和意义。在创作规律上，家具设计与其他艺术设计门类有共通性，也有它的独创性。

首先，家具本身兼有物质功能和精神功能。家具设计的过程中，设计师要进行物质和艺术的双重创造。家具具有物质使用价值，同时又是一种造型艺术，能满足人们的审美需求，甚至收藏目的。家具既要实用，又要美观，家具设计是人的意愿在物质条件与艺术内容上的综合体现。

其次，家具设计应考虑时尚因素，即家具产品会因造型过时而被市场淘汰。这就要求家具设计师应时刻关注市场消费趋势、审美趋势，走在时代前沿，以保障设计产品的市场竞争力。

最后，作为生活消费品，家具设计需要兼顾产品的经济性，即考虑成本、市场、利润等现实问题。

第二节　家具设计的思维方法分类

家具设计不能仅依靠昙花一现的灵感和激情，而需要有正确方法的系统引领。创新是家具设计的基础，创造性思维与方法的合理运用是实现设计目标的重要途径。家具设计中，典型的创造性思维方法包括：

1.模仿

模仿是指以某种原型为参照，在此基础之上加以变化产生新事物的方法。模仿不是简单的复制，是需要经过思考、分析而转化成可用的形式或想法。在模仿过程中需要学会分析、理解形态背后的成因，结合自己的构思进行设计。

直接模仿是对同一类别的家具进行模仿，要求我们发挥形象思维的长处，用心体会优秀设计的形态精髓，找到隐藏在形态里的设计理念。家具的直接模仿就是从以往的家具中寻找设计灵感，模仿其形式或概念的方法。如图 2-1 中，左图是我国

图 2-1　今人对中国传统家具的直接模仿

传统家具中的圈椅，右图则是今人在古代圈椅的基础上，吸收其精髓设计而成的简约现代中国椅。

间接模仿是对不同类型家具或其他事物的某些原理、形式、特点加以模仿，并在其基础上进行发挥、完善，产生另外的不同功能或不同类型的家具。后文讲的仿生设计，也可归为此类。

2. 移植

移植是指将一个领域中的原理、方法、结构、材料、用途等移植到另一个领域中去，一般是把已成熟的成果转移到新的领域中。移植的原理是在现有成果新的目的与新情境下的延伸、拓展和再创造，以解决新的问题。移植在家具设计中分为横向移植、纵向移植和综合移植。

横向移植即在同一层次类别的产品中，进行形态与功能之间的移植。如图 2-2 所示茶几，设计师将两个相同造型的家具在垂直方向反向进行空间重叠，最终呈现出的茶几设计造型独特，功能实用，是典型的横向移植。

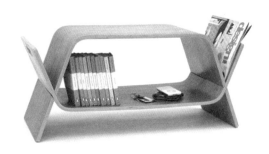

图 2-2　横向移植

纵向移植是在不同层次类别的产品之间进行移植。纵向移植在设计的时候更不容易找到移植点，需要设计师对生活有非常细致的观察，找出不同产品可以共通的原理与功能，才能找到移植的出发点。如图 2-3 所示沙发，设计师将沙发与书包口袋元素相结合，兼具创新和实用，是一种典型的纵向移植。

图 2-3　纵向移植

综合移植是把多种层次和类型的产品概念、原理以及方法综合引入同一研究领域和产品中。如图 2-4 所示椅子是一把木结构折叠椅，它的设计将家具与结构力学完美地结合在一起。使用时打开椅子，不用时将其像伞一样收成一个平面，能有效

图 2-4 综合移植

地节约空间。

3. 模块化

家具模块化指的是模块通过标准化的接口组合成家具的设计方法。组合方式不同，最终获得的家具形式也不同，因此模块化设计能迅速实现家具的多样化，如图2-5。模块化组合方式包含层叠式、嵌套式、装架式、拼装式、外插式等。

图 2-5 模块化家具

4. 反置

在设计中，反置的设计思维方法是从相反的方向进行思考，它把人从固有的、常规的观念中引离，从而转化思维方式，常会产生出人意料的效果。

在家具设计中，用反置的方法进行思考和实践的实例屡见不鲜。如倒装拉手就是反常态拉手而设计出来的。反置的设计方法在其他领域也常被使用，如铁路上的有轨列车变为离轨的悬浮列车，从有轮到无轮，反置设计使人感到出其不意。

5. 置换

设计中的置换是指将某个产品的形态加以改变，把两个本来不相干的形态，以某种特定的方法进行关联，从而违背常规观念。通过置换，常常会有新的产品形态诞生。如将木制家具的表面置换成麻纹钢板；把桌子腿部置换成抽象的人腿造型(图2-6)。巧妙的置换使得新的设计应运而生。

图 2-6 人腿桌子

6. 断置

设计中的断置是利用物体的中断和
分离而获得的。它把形体中断和分离成不
同层次，构成奇特的造型（图2-7）。这
种方法是平面设计领域常用的重要表现方
法之一。如把矩形家具形体的某一部分有
意断置开，断置后各形体之间保留一定的
距离，并用其他管状和块状材料连接，使
家具整体造型有所创新。

图2-7　断置

7. 形态仿生

（1）形态仿生设计的概念

形态仿生设计是在仿生学[1]的基础上发展而来的，是仿生学与设计学互相交
叉、渗透融合而成的一门边缘学科。形态仿生与功能仿生、结构仿生一起隶属于仿
生设计，它们使得人类社会与自然达到高度的和谐统一。其中，功能仿生和结构仿
生多用于建筑、桥梁中，而形态仿生主要应用于家具造型设计。形态仿生设计不仅
涉及造型，还涉及家具的色彩及纹理等。在对家具形式进行定位的基础上，找到其
所对应的生物体结构进行分析、调整和变化。这种对生物体形态的分析，分为具象
形态仿生与抽象形态仿生两种。

具象形态仿生能够较为逼真地再现自然
界事物的形态，其设计风格直观、生动、活
泼，富有生命力，容易被人接受。如梅韦斯
嘴唇沙发是达利设计的所有家具中最具代表
性的一件（图2-8），它具有明亮的颜色和
性感的形状，表面采用红色高级珍珠绒布，

图2-8　达利设计的梅韦斯嘴唇沙发

---

[1] 仿生学是20世纪60年代发展起来的生物学和工程技术相结合的交叉学科，它通过研究生物系统的结构、形
状、原理、行为以及相互作用，从而为工程技术提供新的设计思想、工作原理和系统构成的技术科学，是
一门涉及生命科学、物质科学、信息科学、脑与认知科学、工程技术、数学与力学以及系统科学等的交叉学
科。在生命、物质和信息等科学快速发展的今天，人类通过对自然界生物的系统研究，寻找到了许多解决问
题的新原理、新方法和新途径，得以利用可靠、灵活、经济、高效的生物技术系统。

内部填充高密度海绵，整体线条流畅，美感十足，成为具象形态仿生设计的经典作品。

（2）形态仿生设计的特征

形态仿生设计在家具艺术创意中具有以下特征：①对生物形态的高度简化与概括；②同一具象形态下家具形态抽象的多样性；③形态内容丰富的联想性。设计师应结合家具的功能及技术要求，在家具雏形设计的基础上进行发挥与完善，最终设计出合理的家具形态。

（3）形态仿生设计的意义

现代文明导致生态失衡，人们开始反思并寻找新的出路。形态仿生设计作为人类社会生产活动与自然界的契合点，使人类社会与自然和谐相处，因此，在家具艺术创意中，形态仿生设计具有重要的意义。首先，形态仿生设计并非对生物的简单模仿或形态临摹，而是对自然界的"天然设计"进行优化，把握其核心特征并运用到家具设计中，从形态、材料、功能、色彩、结构等方面综合考虑。形态仿生设计是人与自然和谐相处的手段之一。家具艺术创意的形态仿生是人类从赖以生存的自然界中寻找设计灵感最为有效、快捷的方法。其次，家具能够传达一种文化意识，从形态仿生的家具设计中也体现出人们对所处自然的尊重和理解，是人们热爱自然、热爱生活的最好表现之一。在家具艺术创意中力图通过设计来营造更加和谐的绿色生态系统，是先进生活观念的反映。最后，形态仿生设计给家具设计带来愈来愈多的惊喜，给家具艺术创意注入无限灵感，为家具艺术创意提供了广阔的发展空间，值得人们关注和期待。

（4）形态仿生设计的案例分析

形态仿生设计需要提炼物体的内在本质属性，是一种特殊的心理加工活动，与人们的审美体验也有着密切的联系，属于高层次的思维创造活动。20世纪50年代具有国际影响的家具设计师阿纳·雅各布森（Arne Jacobsen，1902—1971），被称为北欧的现代主义之父，主张简约的设计风格。他在家具设计中以人机工程学为基本依据，将刻板的功能主义转换成优雅的形式。在20世纪50年代，丹麦的家具制造商弗里兹·汉森（Fritz Hansen），发明了一种利用内部浇铸生产椅子的新方法，让其外壳成为一个连续的整体。在得知这种新技术后，雅各布森开始设计能够应用这种技术的椅子，他采用石膏模型的方式，像雕刻一

样制成了作品原型。雅各布森的"蛋椅"给人
憨态可掬的视觉感受，其椭圆的鸡蛋造型具
有简洁流畅的线条美感，给人柔和、饱满的心
理感受及浑厚简洁的审美体验（图2-9）。[1]
另一方面，如果不是新技术的突破，雅各布森的
"蛋椅"也是不可能诞生的。雅各布森的"蛋椅"
是技术与创意的完美结合。在新技术的引导下，
家具的形式也在潜移默化地发生着变化，孕育家
具艺术中的经典作品。

　　设计师受到雅各布森的"蛋椅"的启发，设
计出了一款蛋形电脑办公一体桌，给人们枯燥的
写字楼生活带来新意（图2-10）。

图2-9　雅各布森设计的"蛋椅"

图2-10　蛋形电脑办公一体桌

8. 穿透

　　穿透是利用一形体穿透另一形体的构成方法，在平淡中产生出其不意的视觉效
果。现实生活中有许多生活细节都会为设计提供灵感。如衣服破了，需要用针线穿透
衣料缝合完好；在墙体上打一个洞，将水管从一个房间接到另一个房间。家具设计
中利用这一思维方式，可使得家具获得一种通透感。如在家具门上穿透数个小孔，
或者家具侧面挖一个洞，里面放置灯光，别出心裁的同时消除家具本身的压迫感。

---

[1] 王爱红、李艺：《从审美体验看产品形态仿生设计》，《包装工程》2008年1月，第146—147页。

9. 分合思维与技术组合

分合思维即把思考对象在思想中加以分解或合并，以产生新思路、新方案。"分"指思维的发散和求异，即要冲破事物的原貌，将研究对象予以分离，创造出新概念、新产品；"合"指思维的收敛和求同，即将部分或全部进行适当结合，形成新原理、新面貌。例如方便面的发明即是将面与汤料做了分离，数控机床则是将普通机床与计算机做了合并。

家具设计中运用分合思维可以将设计目标或设计需求分解后再合并，从而将复杂的问题化整为零，或将琐碎的细节整合归纳，提高设计效率。如多功能沙发床即是将坐与卧两种功能分解与再合并（图 2-11）；带按摩功能的沙发则是将按摩保健与坐两种功能相结合的设计（图 2-12）。

图 2-11 多功能沙发床

图 2-12 按摩功能性沙发

图 2-13 老年拐杖椅

技术组合法是以分合思维为构思基础，按一定的技术原理或功能目的，将两个或两个以上独立的技术因素通过巧妙地结合或重组，获得具有统一整体功能以及新技术的创造手法。家具设计中技术组合法常常可以帮助设计师完美实现合理而完善的功能。如下列设计构思：拐杖＋折叠椅＝老年拐杖椅（图 2-13）；玩具＋推车＝婴儿学步车（图 2-14）。

10. 逆向思维

逆向思维是指把思维方向逆转，用与原来的想法相反的，或者表面上看起来并不可能的思路去寻求解决问题的办法。家具设计中逆向思维常表现为一种反传统、反常规的思维模式。常常可以在设计构想中以"为什么不……？"来提问，从而打破定式思维的束缚，取得意想不到的设计效果。

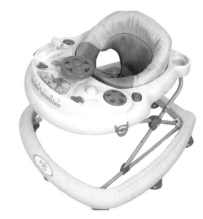

图 2-14 婴儿学步车

为什么椅子不能有三条腿？丹麦坐具设计大师汉斯·瓦格纳（Hans Wegner）1953 年设计的"侍从椅"（Valet Chair），后腿与靠背为一根构件，实现了椅子的三足而立（图 2-15）。为什么椅子不能是一条腿？有机主义设计大师埃罗·沙里宁（Eero Saarinen）1956 年设计的"郁金香椅"（Tulip Chair），源于花朵与茎的形态，利用玻璃纤维模压成型简化了椅子腿的形态（图 2-16）。图 2-17 为非正常形态的书柜，也是对"为什么书柜不能是分散开的？"的回答。

图 2-15 汉斯·瓦格纳设计的"侍从椅"

图 2-16 埃罗·沙里宁设计的"郁金香椅"

图 2-17　分散的书柜

图 2-18　家具设计方法中的材料替代

图 2-19　布劳耶设计的"瓦西里椅"

11. 替代

在家具产品开发设计中，用某个事物替代另一个事物的方法称之为替代。替代要运用逻辑思维的分类与比较，以及分析与综合的方法，在构思中分析替代和被替代对象的各个部分或因素，分析其共性和差异性，通过比较共同点和差异点，更好地认清事物的本质，综合地加以考察。替代设计可以体现在材料替代、技术替代、零部件替代、方式替代等多个方面。

材料替代中使用的新材料是指那些新出现的或已在发展中的，具有传统材料所不具备的外观形式、优异性能或者特殊功能的材料（图 2-18）。现代家具的发展离不开材料的推陈出新，从最常用的木材，到金属、塑料、玻璃、陶瓷等材料的应用，家具产品的造型、结构与制造工艺也得以不断更新。尤其是 20 世纪初期金属在家具中的应用，以及 20 世纪 60 年代塑料的出现，都为家具设计带来了重要的变革。图 2-19 为马歇尔·布劳耶（Marcel Breuer）1925 年设计的"瓦西里椅"（Wassily Chair），是最早利用弯曲钢管取代传统材料的现代金属家具之一，开创了家具的新结构、新风格。

方式与设计理念的更新与替代也为当今许多"再设计"提供了思路。方式替代主要是指用新的功能或使用方式代替老的功能或使用方式（图2-20）。亚历山德罗·曼迪尼（Alessandro Mendini）1978年设计创作了翻版"瓦西里椅"，用彩色替代了原来黑色或其他的单色皮革，表现出一种强烈的装饰性（图2-21）。

图2-20　家具设计方法中的方式替代

图2-21　亚历山德罗·曼迪尼的翻版"瓦西里椅"

12. 希望点与缺点列举法

希望点列举法是指根据人们对事物的愿望和要求，来进行创造发明的技法，这需要在了解人们的心理预期的基础上确定产品的研发方向。希望点列举法重视对人们需求的分析，善于发现潜在需求，同时特别注意特殊群体的需求。希望点列举法可以针对固定的目标或已确定的创造对象"找希望"，如列举某个产品希望拥有的功能点。例如床的设计，除了基本的睡觉休息的功能外，还可以列举人们希望床具有的若干新功能，比如收纳物品、播放音乐、阅读照明、上网、按摩保健、健身、加热取暖……

缺点列举法是指列摆事物的缺点，再从中选出最需要改变或最有经济价值的对象作为创新主题。家具产品研发可以针对已有的设计来列举所存在的问题，并选择一点或若干点进行突破、改进。缺点的列举过程可以先将问题一一陈摆，再利用头脑风暴找出各问题的解决方案，对比权衡后确定改进思路并指导新设计的完成。

13. 修辞表达

文学艺术作品中的修辞手法也同样可以出现在产品的设计表达中。语言中的隐喻、借喻等在产品设计中体现为各种设计符号与符号意义之间的不同关联关系。家具设计中运用修辞的设计方法往往能以一种生动、形象的手法表达较为抽象或深奥的观点或理念，抑或在设计中传达设计师的丰富感情，创造轻松幽默的设计感受。

设计中的隐喻是指以一种形象取代另一种形象，用一种更熟悉的观念符号来表示某种较为抽象的观念，而实质意义并不发生改变的设计方法。如北京奥运会祥云火炬的设计（图 2-22），其造型以中国四大发明之一的纸，以及传统云纹和红色来传达中国悠久的文明以及人与自然和谐共生的文化精神。朱小杰设计的钱椅（图 2-23），结合明式圈椅的形态，以中国艺术的白描手法，创造了上圆下方、外曲内直的造型意境，也隐喻着中国天圆地方、外柔内刚的文化精髓与民族性格。

14. 拼合（交会）

整合不同的元素，使元素间相互对比，相互碰撞，得到意想不到的结果。比如混凝土和木头的结合，一个是人工造就，一个是浑然天成，两种全然不同的材质，却碰撞出别样的优雅质朴。如图 2-24 所示，混凝土花盆架于木架之上，低调而优雅。如图 2-25 所示，混凝土完成了木头之间的搭接，整体更显稳固。混凝土的自由造型，嵌入木头的榫卯结构，不同的肌理却能紧紧嵌合在一起，宛然一体。

图 2-22　北京奥运会的祥云火炬　　　　图 2-23　钱椅

图 2-24　混凝土与木头拼合而成的花盆架　　　　图 2-25　混凝土与木头拼合而成的座椅

15. 感觉营造

设计离不开视觉，对照设计成果也需要视觉，视觉思维根据对事物直观的视觉印象，通过非逻辑的思维形式，直接把握事物。而视知觉思维运用表象进行思维和直觉的综合判断，同时也是启发创造性思维的要素之一。

作为思维活动的视知觉并不是孤立地、机械地反映个别现象和分解要素，而具有进一步组织对象的能力，这一特征显然有助于我们把握设计的节奏。它包括相似组合、相近组合两方面：相似组合指组合相同或相似的因素，其富有天然的内在张力，如形色相同的元素组合，或单纯的方向与大小的变异，就会产生图形感；相近组合中，相近是指位置的相近，即距离近的要素易被视为成组元素，尤其在形状、颜色等相同或相似的情况下，距离因素的作用就更为显著。这种视觉的组织与结构能力，助益于设计中的图形感，会产生美的节奏。

如何实现家具产品的人性化设计，其实是一个不断深化和发展的过程，不同时期的人和社会会提出不同的要求。今天的人们逐渐超越单纯的物质功能的满足，向人性化情感的精神需求层次过渡，开始注重人对家具在使用时的生理、心理与情感的需

图 2-26　结合空间的住宅设计

求。物质和感官，两者互相关联，带来更为丰富的效果和感觉。

如图 2-26 这栋位于日本神户的住宅由藤原建筑设计事务所（Fujiwarramuro Architects）设计，虽然占地不到 37 平方米，但狭长的空间因为运用许多巧思而让房子感觉宽敞了许多。一到三层楼以大量条状地板，以及天花板和室内家具设计，缩小狭隘的视觉感受，从天井透入的阳光也营造出内外结合的广阔意象。

16. 加工工艺和手段

国人对于传统手工艺品的消费热情不高，加上随着现代技术的发展以及市场需求的多元，传统手工艺品的消费群体日益缩小，传统手工艺的继承面临着重重困境。创意产业是增强城市文化软实力与产业竞争力的一个新途径，其与传统手工艺的结合是开发创意产业的一个重要方向。

在我国传统手工艺品的制造行业当中，个体小作坊生产是主要运作模式，规模很小，远远没有实现产业化、规模化和市场化。收藏级的手工艺品，本身产量与流通量均不大。而日用品类的手工艺品，早已被现代化的产品所替代。现代产品依托着现代化的生产工艺，款式繁多，功能齐全，产速飞快，这些都是传统手工艺品所无法比拟的，因此日用品类的手工艺品市场严重萎缩。

在这样的背景下，现代产品设计更应该注重把现代工艺与弥足珍贵和不可批量复制的传统手工艺相结合，将有限的手工生产与大规模工业化生产相结合，从而满足市场需求。

传统手工艺种类丰富，历史悠久，是人们对自然、生活和自我的沟通与融合，寄托了人类丰富的精神情感，这与现代产品设计中对人的情感需求的重视不谋而合。在现代社会中，传统手工艺品需要现代产品设计的理性化与市场化，以适应市场经济。现代产品设计对传统手工艺的精神魅力和文化魅力加以借鉴与融合，传统手工艺依托现代产品设计加以传承、改良，两者形成良性互动关系。

17. 生态设计

生态设计是 20 世纪 80 年代末涌现的一股国际设计潮流，它反映了人们对于现代社会发展所引起的环境与生态破坏的反思，同时也体现了设计师社会责任感的回归。

（1）家具生态设计的概念

生态家具是家具生态设计的最终体现，因此，我们必须先了解什么样的家具是生态家具，以便更好地理解家具生态设计的概念。

相对于传统家具而言，生态家具是指采用木材以及其他无污染的原材料，在其寿命周期全程中符合特定的环境保护要求，不污染环境和损害健康，并实现部分零部件可回收利用、零部件易拆装和低消耗以及通过精心设计完善物质功能和精神功能，达到延长家具寿命周期目的的家具。这种家具有利于保护生态环境和节约资源，且这一作用贯穿于家具的整个寿命周期。

随着环境问题日益严峻，设计越来越多地被赋予生态责任。传统的产品设计是以人为中心，以满足人的需求为出发点，对于产品的后续生产过程中所使用的资源、能量的消耗，以及对生态环境的影响常忽略不计（图 2-27）。生态设计是一种全新的设计理念，它将防止污染、保护资源的战略集成到生态性和经济性都能承受得起，并能形成良性循环的产品设计方法中（图 2-28）。生态设计在设计阶段将材料、造型、结构、功能、制造方式、运输方式，以及产品使用过程直至产品废弃后处理等环境因素和预防污染的措施纳入其中，将环境性能作为产品设计的重要指标，力求产品对环境产生最小的负面影响，从而实现其宜人价值、生态价值与经济价值三赢的局面。生态设计具有环境亲和性、价值创新性及功能全程性的特点，同时坚持 3R 原则，即减量（Reduce）、再利用（Reuse）及再循环原则（Recycling）。

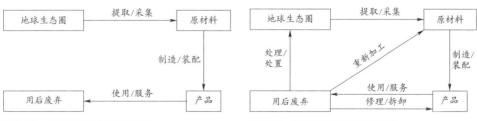

图 2-27 传统产品设计过程示意图　　　　　图 2-28 生态产品设计过程示意图

家具生态设计的特点主要体现在以下几方面：

①注重生态环境的亲和性。区别家具的生态设计和传统设计的主要因素之一，是设计人员在设计过程中是否必须充分考虑和分析家具的环境需求。家具生态设计的思路是人—家具—环境，即用生态文化去解决产品设计、制造、使用和使用后处置中的各种问题，设计出对人类友善和对环境友好的产品。对人类友善方面，设计的产品应有利于人的身心健康发展，有利于人际关系和社会关系的改善。而对环境友好的主要表现为生态材料的选择，生产中严格控制"三废"，采用绿色制造工艺，用户在使用时不产生环境污染或只有微小污染，使用后严格回收和利用废弃物等。因此，通过家具的生态设计，材料得到了充分、有效、可持续性地利用，家具产品在整个寿命周期中能耗减少到最小，从而保护了地球环境与资源。

②注重寿命周期的延长性。传统家具产品的寿命周期是从产品的生产到投入使用的各个阶段；而家具生态设计将其寿命周期延伸到了产品使用结束后的回收与处置。这就要求设计人员在设计阶段，把握好与生态家具标准相关的设计目标，并保证在产品构思、设计、制造、使用、回收再利用或废弃处置等全过程中能够顺利实施，进而延长家具产品的寿命周期。

③注重设计的并行闭环性。家具非生态设计是一个串行设计过程，其寿命周期是指从设计、制造一直到废弃的各个阶段，很少考虑家具的废弃过程，所以它是一个开环过程；而家具生态设计的寿命周期除了包括以上各阶段外，还包括产品废弃后的拆卸回收与处理处置，实现了家具寿命周期的闭路循环。同时，在设计时这些过程必须被并行考虑，因而家具生态设计是并行闭环设计。这意味着设计人员必须始终贯彻并执行生态理念，对各个阶段可能造成的环境影响进行全面的评估、分析与监控，努力构建好人、家具、环境三者之间的和谐关系，努力使家具生产与使用过程中物质消耗与能量消耗相协调，形成一个良性的循环系统。

（2）家具生态设计的原则

坚持可持续发展理念，创造健康、和谐的人类生存方式是家具生态设计的目标。在生态文化指导下进行家具生态设计应以节约资源和保护环境为行动指南，应以有利于人类身心健康发展为出发点。因此，设计人员在进行家具的生态设计时，应遵循以下原则：

①坚持环境负荷最小化原则。传统家具设计以家具为中心，忽视产品使用者的

主体地位。而家具生态设计坚持以人为本的原则，遵循人机工程学的设计原理。以人为本的设计原则体现在以下方面：所采用的材料必须是环保无毒的；家具产品的造型和尺寸必须符合人体结构；家具产品不仅要满足用户的生理需求，更要满足用户的心理需求，为用户创造健康、安全、舒适的使用体验。

②坚持循环再生性原则。家具生态设计在原材料选择方面，尽量减少和避免高分子聚合物，强调各种再生型原材料的使用，开发各种再生型原材料或探索原材料的再生性，真正做到一物多用。在退出使用阶段之后，生态家具可以在进行处理后循环再生，如一部分部件在拆卸之后，经简单加工就能够重新使用，一部分部件回收之后经过清除灰尘、打碎、分离出污染物（如漆膜）或金属物，通过替选、胶合、分类等工艺而实现再生利用，如回收一吨杂铜可以提炼电解铜 0.85 吨，节约电能 60 千瓦·时，节约铜矿石 1500 吨。总之，通过生态设计可达到资源的循环利用，这是新时代家具产业持续发展的最有效途径。

③坚持协调一致原则。生态家具是在遵循生态规律的基础上创造的。生态家具要求与使用者的需求相协调，既要满足用户的生理需要，又要满足其审美需求，并与其所处的环境能够和谐一致。如我国南方家具的整体风格显得精致细腻、灵动秀雅，而北方家具风格则显得质朴端庄、大气稳重；欧洲古典家具注重装饰、尺寸较大，与其华丽的室内装饰以及高大的室内尺寸相吻合。综合各种工艺手段和工艺技巧，设计师应在包装、造型、原材料等多方面体现家具的人文理念，设计出人性化的生态家具，满足广大消费者的生活与生态需求。

（3）家具生态设计的方法

为了满足生态家具的环境属性、经济属性等要求，家具生态设计需要集成多种现代设计方法。可以从以材料为核心的家具、板式家具、可变家具、废弃物利用与现成品拼装家具、启发性绿色家具五个方面，对家具生态设计的方法进行分析与讨论。

①以材料为核心的家具。材料选用与设计的最佳结合是家具生态设计的基础。材料的属性不仅决定了家具的属性，也制约着所设计产品的结构、功能等，还能够启发设计者对材料的"特性思维"（既充分地利用材料，又能很好地将材料独特的质感、肌理或形态表现出来），从而突出生态家具的特质与美感。在家具生态设计中，设计人员应关注如下问题：应以材质作为设计的出发点，针对不同的材料，应采用

适合于相应材质的加工工艺与处理技术；应采取恰当的处理方式，有效避开生态材料的弱点；应对材质加以处理，以便更好地满足人体需求；等等。如板式家具最主要的材料就是工业化生产的标准板材，多为长 2.44 米、宽 1.22 米，厚度规格多样，材料品种繁多。

②板式家具及可拆装（DIY）家具。此类家具设计类型目前正被广泛运用。它具有提高空间使用率、有效实现家具零部件的循环利用、延长产品的使用寿命、减少原材料的使用量、提高生产效率、减少能耗、方便拆装与储运等优势。在此类家具设计中，设计人员应注意的问题是：在发挥板式家具优势的同时，应恰到好处地进行美化装饰处理；应有效地回避或处理好板式家具中人造板材存在的一些问题，比如板材不够致密、速生木材质地疏松、游离甲醛污染、金属连接件不牢固等。板式家具具有以下优点：一是对树木的有效利用，人造板是板式家具的主要原料；二是可拆卸，板式家具各部件的结合由于采用金属五金件连接，因此，装配和拆卸都十分方便；三是造型富于变化，由于此类家具具有多种贴面，其在造型、颜色和质地各方面的不同选择给人以不同的感受；四是不易变形、质量稳定，这是由于板材在物理结构上和木材有所不同，使得板材在湿度变化比较大的环境里要比实木更不容易变形和开裂，由人造板制成的家具比由实木制成的家具质量要更加稳定；五是价格实惠，由于人造板材对原木的使用率高，因此价格要比天然木材便宜。板式家具的缺点包括：一是非自然性，由于一些板式家具是将材料一条一条地贴在家具的表面，所以表面纹路有重复感，少了自然变化的感觉；二是环保性能较低，人造板式在制作的时候，常用一些添加剂和黏合剂，一旦在家具的贴面和封边工艺中没有处理好，就会导致如游离甲醛等的污染隐患。

③可变家具与便捷设计。这类家具的设计理念是更新材料、改革结构，将两件或更多的家具合成一件或将家具完全折叠起来。此种设计的优越性包括：一是将原本分离的各使用功能紧密地结合起来，从而使实际的使用过程变得流畅方便，视觉效果趋于整体统一；二是可以从根本上减少家具的件数或尺寸，节约了造价和空间占用；三是在使用上增加了趣味性、多功能性；四是开发了一些有创新性的功能。这类设计方法不仅需要设计人员打破常规的思维定式，细致地研究问题，还需要设计人员对现代社会居民的生活方式、职业及心理特征等有较为深入了解后，形成创新意识。

④废弃物利用与现成品拼装家具。此类家具仅仅由其他产品组合或搭建而成，或者由其他产品的附件、零件、包装、废弃物等构成。该类家具的设计特征包括：一是材质和结构丰富多变；二是设计人员不受常规设计制约，手法灵活变化；三是设计或制造者并不一定是专业的家具设计师，他们可以是使用者、雕塑家、画家等。此类家具充分体现设计的广泛性和灵活性，影响着主流的家具设计倾向。如英国伦敦节能家居展上，有许多低碳环保的旧物利用作品，如有汽水瓶盖组合成的吊灯，废旧彩色拖鞋拼接而成的地垫，还有陶瓷碎片重新拼凑的艺术品等。

⑤启发性绿色家具。此类家具设计人员更多关注的是对人们环保观念的启发，对健康、合理的生活方式的引导，对社会矛盾及危机的思考等。这类设计往往将家具的使用功能与其最佳使用效果结合起来，通过部分限制使用或障碍使用的方法，达到引起关注的目的，还常使用非常规的造型和色彩处理以及互动设计等表现方式。如"多喜爱"儿童家具是在开发应用了恒大公司最新的"家具交互式循环发展系统"后，通过精细设计而诞生的儿童家具品牌（图2-29）。该系列家具的造型开发具有一定的时尚感和活跃性，有利于启迪和培养青少年的审美观；在功能方面，开发一些带有隐形功能的家具，这样能激发青少年的好奇心，从而有利于其创造力的开发。

图2-29　多功能组合儿童床

总之，家具的生态设计代表着先进的、健康的生活方式，以及全新的文化和艺术倾向。它激发着人们对简约、明快样式的向往与追求，同时又以新技法、新风格和新材料丰富着自己的内涵。

18. 数字化家具设计

数字化家具设计是一个庞大的体系，它以数字化为设计表达语言，不仅真实地代表二维、三维图形空间，还能虚拟仿真现实（如声音、场景等），同时携带自动化加工信息，是一种全新的设计手段，较传统的家具设计发生了根本变化。

（1）数字化家具设计的表达形式

传统设计的表达形式一般是图纸（平视图、剖视图、透视图）、结构模型或实物模型，而数字化家具设计的表达形式一般是电脑图形（如 CAD、3D）、动画、仿真、多媒体等，最终以数字码（数控加工代码）表示。

（2）数字化家具设计的表达手段

数字化设计是一个集计算机图形图像、数字通信、数字控制、数控加工、数字媒体等于一体的庞大系统工程。它以数字作为设计表达的基本元素（传统设计则以点、线、面作为基本元素），不仅能真实地表现和模拟现实，而且是基于现代科学技术和人类艺术灵感基础上的全新设计手段。它与传统的设计和制造方式相比，已发生了质的变化。

（3）数字化家具设计的制造特点

建立在数字化设计基础上的制造是一种新的生产方式，这种生产方式的特点是设计和生产以数字为载体，以网络为信息传输工具。不同于传统的生产方式中以设计图纸作为技术信息的传递工具，在读图和识图时易产生错误，或加工时由于操作者的水平、加工设备的精度而造成误差，给批量家具装配带来诸多问题，数字化家具设计实现了无误差、无图纸的家具生产模式。

（4）数字化家具设计的意义

数字化设计与传统设计有着质的不同，其制造模式也摆脱了大批量、小品种的刚性生产模式，走向小批量、多品种的柔性生产模式，从而使家具生产摆脱了大工业化产品的概念，满足了人们对家具艺术形式的需求。数字化家具设计的意义包括以下几方面：

①提高设计效率。计算机的准确性、可重复性、可视性以及数字驱动等特征，

使得设计师从图版式的设计方法中完全解放出来。

②建立消费者与生产者之间新型和谐关系。计算机辅助制造技术使得设计和生产真正连接起来，设计的数字信息直接应用数控 CNC（Computerized Numerical Control 的缩写）生产单元，使个性化生产成为可能。这种在数字化基础上的设计与制造模式，可使用户通过网络、可视化多媒体设备亲自参与到设计过程中，实现一对一的设计与制造，使设计者、产品、消费者之间呈现新型和谐关系，使个性化服务成为可能。

③节约资源，避免不必要的浪费。新型消费关系的建立，使家具生产有计划地按订单进行，使企业避免由于产品滞销、积压而产生的浪费。

总之，数字化带来了设计与制造的迅速发展，作为信息时代的新一代家具设计者，应该有能力和信心开展数字化设计，使数字化技术能更好地为家具设计与家具制造服务。

19. 版面印刷

写字、画画、雕刻等是家具及其他工业产品表面装饰的传统手法，版面印刷为现代家具赋予了新的内涵与表现形式。

20. 互动性设计

随着当今人们生活水平的不断提高和住房条件的逐步改善，消费者对家具的需求也发生了很大的变化。人们不再只是满足于家具的使用功能，而是转向家具的美观、舒适度以及文化内涵等，更加追求家具的个性化以及与室内环境的和谐统一。家具是人们在日常生活中种种行为和活动的载体之一，人们的生活起居、工作学习、娱乐交流都离不开家具这个载体，不同需求决定了家具设计的区别化。同样，家具也充分反映了使用者的生活方式和生活习惯，并且传达着他们的精神需求和审美趋向。

（1）互动设计和家具设计中的互动性

互动原本是一个典型的社会学概念，最早来自于德国社会学家 G. 齐美尔（G. Simmel）在 1908 年所著《社会学》一书。书中认为，互动就是在场或在影响范围内的成分、物体、对象或现象改变对方行为和性质的作用。抽象层面上的互动就是指发生在双方之间的行为或行为的可能性。互动双方必然存在着特定的时空关系，并且互动双方必须处于相互作用的状态，也就是说互动是对某种作用性质的界定和描述。

互动是一个过程，包括人与自然的互动、人与世界的互动，以及人与一切事物的互动。

在现代社会中，我们能与之互动的对象范围越来越大，每天的工作和生活就是一串与他人以及周围世界互动的过程。我们和他人面对面，用视觉的、听觉的、嗅觉的、触觉的方式从对方那里收集各种不同信息，经过消化之后，再回馈给对方。伴随着现代多媒体技术的发展，互动墙（图 2-30）的出现更是给人们带来趣味的、科技的、奇幻的互动体验。

图 2-30　互动墙

互动性设计着重于人与物的相互作用的研究。将互动性设计理念应用于家具设计中，着重研究的便是人与家具的相互作用，并通过这种相互作用来促进人与家具、人与人的交流与和谐，从而提高人们的生活品质。

（2）家具中的互动性设计的意义

家具的互动性设计并不是对传统家具设计形式的否定，而是对其设计理念的延伸。家具中的互动性设计是突破传统设计模式的一种新的设计思维，它的出现极大地拓展了设计师的设计视野，更为未来的家具设计提供了广阔的发展空间，创造出人与人、人与家具、人与室内环境空间之间的新型沟通形式，丰富和激起人们的想象力，增进人们自我完善的能力。互动性设计将家具设计的关系由单向的给予转化为共同的营造，设计师和家具使用者之间的界限变得越来越模糊。传统的家具设计大部分由设计师进行，以在使用者手中实现家具的基本功能作为设计行为的完结；互动性设计理念的应用，使得家具使用者也变成了家具设计的"第二设计师"，在很大程度上给予使用者发挥主观智慧的机会，并能够通过沟通和合作等方式来进行知识的传播和经验的交换。

第三节　家具设计创新

设计是一种构想或规划，也是一种创造，创造的是人类以前所没有的和现在或者今后所需要的。设计的本质在于创造，创造前所未有且有益的东西。后工业化的信息时代，人类社会竞争日趋激烈，设计具有重大的历史使命。没有创新的设计不能算是好设计。家具设计与其他类型的设计一样，其真正意义在于创新。

"家具创新设计"是一个不断发展的概念，随着时间的推移，其也被赋予了新的内涵。除了传统意义上的创新设计（如外观创新、结构创新、材料创新、功能创新等）外，还应包含设计资讯手段的创新、设计管理的创新，以及贯穿于家具设计过程始终的家具营销方式的创新，等等。

1. 家具创新设计的概念

设计是一种社会文化活动，它是创造性的，因此从这一角度来看，它类似于艺术活动。同时，家具设计的目的是为人类服务，与一般的工业产品设计一样，是对产品的形态（外观）、结构、材料、功能、装饰形式等诸多要素从社会的、经济的、技术的、艺术的角度进行综合设计，使之满足人们对环境功能与审美功能的需求。

新产品有广义和狭义之说，广义的新产品指首次在市场亮相的产品，而狭义的新产品指在工作原理、技术性能、结构形式、材料选择，以及使用功能等方面，有一项或几项与原有产品有本质或显著差异的产品。

具体来说，具有如下特性的才是新产品：

独创性的新型产品：如自 19 世纪以来相继出现的胶合弯曲木家具、塑料家具、

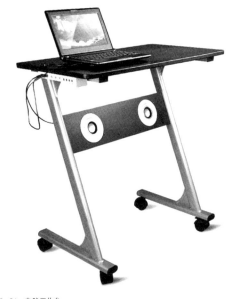

图2-31　电脑工作台

玻璃纤维整体家具，充气、充水的家具等，均属独创性的新型家具。

外观有所改变的新产品：如色彩、肌理、装饰方法或组合形式等的变化使产品外观发生显著改变的家具。

具备新功能的现有品类的产品：如增加了健身功能的家具，又如融合多种功能为一体的电脑工作台（图2-31）。

采用新材料的产品：如采用弹性纤维材料做座面与靠背的不锈钢椅，相对于传统钢木椅和皮椅便是一类新产品。

性能与结构有重大改进的现有产品：如相对于单件家具的配套组合多用家具，以及相对于固定结构家具的拆装家具。

2. 家具创新设计的方法

家具创新设计的技法千变万化，种类繁多。但总的来看，可归纳为两大类型，即"改良设计"和"原创设计"。

"改良设计"也称为"二次设计"，是企业和设计师常进行的一项设计工作。所谓"改良设计"，即是对现有家具产品（陈旧或存在不足的）进行整体优化和局部改良，以改进产品的结构、功能、外观或材料，提升家具的品质和价值，使之更趋完善以适应新的市场需求，一般说来，改良设计贯穿于某件（套）家具产品从创意构思到销售，甚至废弃回收的整个生命周期之中。

"原创设计"，顾名思义"原"即是最初、起始，而"创"即是创始、首创。"原创"强调事件本身在时间上的初始性质，也重视创造的性质。因此，原创设计相对于改良设计就是一种创造性的全新设计，它既是首次出现又与其他设计具有显著区别。原创设计较其他设计有较大或本质上的区别，否则就是模仿。

具体来说，原创设计具有以下十个特征。

（1）原始性

原创设计是产品设计的一个类型。它除了具有产品设计应具有的一般共性外，更应该强调它的创新性和对于某一设计元素使用的原始性，即第一性。一个新的设计理念，一种新的设计思想，以及这种新理念和新思想指引下所出现的设计，总有第一次面世的时候，不论它是个人还是集体的智慧，在首次出现时总会打上创造者的烙印。在问世以后，它可能面临着不同的处境和前景，也就是说，它不一定为大众所接受，也不一定能长期生存和得到发展。但正是这种"敢为天下先"和"能为天下先"的勇气值得赞扬和尊重。也正是因为这种勇气，社会才有了进步和发展。

当某种产品第一次出现在市场上的时候，企业和团体可能面临着巨大的商业风险，但另一方面，不断开拓市场的勇气奠定了企业或团体良好的商业形象与品牌形象，并带来无穷无尽的发展机会。

（2）创新性

设计创新包含设计本身、原材料的使用、生产工艺等多方面的创新内容。

判断设计或产品是否具有创新性，可从以下几个方面来衡量：

①是否具有新的理念和思想；②是否运用了新的原理、构思和设计；③是否采用了新的材料和原件；④是否有了某些新的性能和功能；⑤是否适应了新用途；⑥是否迎合了新的市场需求。

这里特别强调的是基于商业价值的产品创新。基于商业价值的产品创新与老产品相比，最大的改进，不一定是在技术上。如果新产品满足了消费者所追求的方便性、实用性和使用效果（尽管这些可能是由很微小的技术改进来支持的），或者满足了使用者自我实现和社会地位提高的需求，都可以认为这种创新是基于商业价值的产品创新。

（3）先进性

原创设计的先进性决定了该设计的社会性。社会是在不断发展进步的，任何原创设计都应该遵循社会发展的必然规律，这也是任何设计都必须达到的要求。

原创设计的先进性主要体现在先进的科学性上。"科学技术是第一生产力"，科学技术是原创设计的有效推动力。电子技术的产生和发展带来的产品设计的革命，微电子技术的发展使许多电子产品更加平面、便携化，等等，依赖于先进科学技术所产生的原创设计可谓数不胜数。

先进的科学性具体表现在下列几个方面：

①先进的社会意识。先进的社会发展观、社会价值观、社会思想观等，是原创设计的潜在原动力。

②先进的科学意识。科学的价值和作用、科学思维方法等，是原创设计产生和发展的基础。如人类科学、材料科学、环境科学等在设计中的运用。

③先进的工程技术基础。如信息技术、材料技术、加工技术的运用，均成为原创设计产生的直接动力。

（4）时代性

任何一个时代都有属于这个时代的原创设计。社会、科学、技术、人文等各种因素下，原创设计在不同的时代有不同的反应。紧跟时代步伐，是原创设计兴盛不衰的保证。原创设计的时代性具体表现在下列几个方面：① 适时的社会意识和具体的政治体现；② 适时的伦理、道德、价值观；③ 科学技术的最新成果。

（5）时尚性（各种流行源）

原创设计除了符合时代的基本特征之外，还应保持一个较长时期的时尚。否则，它便只可能昙花一现，被时代迅速淹没。一个能真正引领时尚的设计，是足可以称为原创设计的。

（6）可认知性

当一个设计具有超前的性质时，它刚出现时常不为人所理解，但是这并不否定设计的可认知性。超前的设计都是设计者依据现实的种种因素进行推理、预测、判断等一系列复杂的过程之后才产生的。之所以超前，是因为它具有在今后一定会为人所认识的潜在可能；否则，它只是一时的胡思乱想，充其量也只能算是一次设计实践。

（7）可传播性

原创设计的可传播性可以归结于原创设计的可知性。设计从某种意义上来说是创立某种符号，原创设计强调设计符号的特殊性和典型性，正是这种特殊性和典型性增强了设计的可认知性，因而使得原创设计具有可广泛传播的可能。

原创设计的可传播性在当今的商品经济时代尤为重要。任何设计最终都会变成商品，市场赋予它特定的价值。所以设计除了必须具有的文化、审美意义之外，还必须具备商品的潜在意义即商品价值与流通价值。从这一点来说，一个不可传播的原创设计在本质上是没有任何意义的。

（8）民族性

民族性既是使一般设计成为原创设计的技巧之一，又是原创设计产生的源泉之一。由于地域、人种、人文环境、自然环境等因素的不同，世界上存在着多重差异的民族文化体系，也存在着诸如历史、神话、图腾与图形、地理风貌、自然资源等不同的各种设计元素与潜在题材，这些都有可能引发出独特的设计。

原创设计的民族性丰富着原创设计的多元化。各种具有民族特色的设计百花齐放，也极大地丰富了当今的原创设计和世界文化。具有民族特色的设计较其他设计往往具有更广泛的流传性。民族的才是世界的，这是文化传播领域的一条真理。

（9）国际性

原创设计的国际性是由当今的社会特征，尤其是国际经济一体化的特征所决定的。一个真正优秀的设计应该是世界文化体系的共同财产。

（10）动态性

原创设计的动态性主要反映在两个方面：一是原创设计在不断涌现；二是原创设计的特征也在发生着变化，并不是一成不变的。

原创设计的动态性实质就是原创设计的时代性。一方面，一个时代有一个时代的审美特征，必然会产生一个时代里被认为是优秀的设计；另一方面，社会在不断地发展进步，随着社会的发展和科学技术的进步，也必然会产生各种新的设计题材、元素等，从而引领各种崭新的设计。

3. 家具的创新设计

（1）常见的家具形式

①按基本形式分。

椅凳类：椅、凳、躺椅、沙发等。桌台类：写字台、会议桌、大班台、茶几、讲台等。橱柜类：衣柜、餐具柜、文件柜、电视柜等。床榻类：床、榻（图2-32、图2-33）。其他类：衣帽架、花架、屏风、书报架等。

图2-32 床

图 2-33 榻

图 2-34 嵌入式衣柜

图 2-35 悬挂橱柜

②按放置形式分。

自由式家具：包括有脚轮与无脚轮的，可以任意更换放置位置的家具。嵌固式家具：固定或嵌入建筑物中的家具，一旦固定，就不太可能再变换位置（图2-34）。悬挂式家具：悬挂于墙上，其中有些是可移动的，如小型搁板架或小柜等，但大多是固定的，如悬挂橱柜（图 2-35）。

③按结构形式分。

固定装配式家具：零部件之间采用榫或其他固定形式接合，一次性装配而成。其特点是结构牢固、稳定，不可再次拆装，如框式家具。

拆装式家具：零部件之间采用连接件接合，并可多次拆卸与安装。可缩小家具的运输体积，便于搬运，减少库存空间。

组合式家具：也称通用部件式家具，是将几种统一规格的通用部件通过不同的装配结构而组成不同用途的家具。其优点是可用较少规格的部件装配成多种形式和不同用途的家具，还可简化生产组织与管理工作，有利于提高生产效率和实现专业化与自动化生产。

组合式家具的制品分成若干

个小单件，每一个单体既可单独使用，又能在高度、宽度、深度上相叠加而形成新的整体（图 2-36）。其优点是对某一个单体而言，由于体积小，所以装配、运输较为方便，而且用户可根据自己的居住条件、经济能力和审美要求来选购并进行不同形式的组合。但这样的缺点是整体家具组合在高度、宽度上都有重复的双层板，所以成本较高。

图 2-36　单体组合式家具

支架式家具：将部件固定在金属或木支架上而构成的一类家具（图 2-37）。支架的端部可直接与天花板、地板或墙壁相连。这类家具的优点是可充分利用室内空间，且制作简单而省材料，造型多样化。由于家具悬挂，使室内清洁工作极为方便，但必须与建筑物相协调。

图 2-37　支架桌

折叠式家具：能拆开使用并能叠放的家具（图 2-38）。其常用于桌、椅和几类，钢制家具尤为常见。由于便于存放、携带和运输，适用于住房面积小或经常需改变使用场所的公共场合，如餐厅、会议室等。由于折叠必须有灵活的连接件，因此它的造型与结构受到一定的限制，不能太

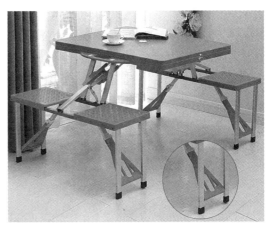

图 2-38　折叠桌

图 2-39　曲木茶几

图 2-40　S 型塑料椅子

复杂。

曲木家具：用实木弯曲或多层单板胶合弯曲而制成的家具（图 2-39）。其具有造型别致、轻巧、美观的特点，可按人机工程学原理压制出理想的曲线型。

壳体式家具：又称薄壁成型家具，其整体或零部件是利用塑料、玻璃钢等原材料一次模压成型或用单板胶合成型的家具（如图 2-40）。这类家具造型简洁轻巧，工艺简便省料，生产效率高，便于搬移。塑料薄壳模塑成型家具还可搭配各种色彩，适用于室内外的不同环境，尤其适用于室外。

充气或充水家具：充气或充水家具是用塑料薄壳制成袋状，充气或充水后形成的家具。充气家具也是 20 世纪 50—60 年代新材料在家具上的应用实例。在这方面，法国设计师库沙较早地将空气作为一种材料引入家具设计中。意大利的德·帕斯、德宾、拉马兹、斯科拉里四人小组设计的充气椅，由几个环形气圈组成，放气后可以折叠收藏（图 2-41）。意大利前卫派建筑师佩西埃设计的"UP"系列充气椅等都十分引人注目。目前，充气（图 2-42）或充水（图 2-43）家具也已占有一定的市场份额。

（2）家具的形态创新

提到形态，很多人自然会联想到造型，甚至有人认为形态便是造

图 2-41　充气椅

型，认为二者的概念相同，事实上它们有着质的差异。形态是事物的内在本质在一定条件下的表现形式，包括形状和情态两个方面。作为设计结果的人造物的外观一般称为造型，而形态的概念是强调"造型之所以如此"的根据。设计形态概念的关系如图2-44所示。

在我们居住的环境中，除了天空、大地、树木等自然景观形态外，目之所及尽是人工制造的形态，如建筑、家具、道路、桥梁、车辆、电器等，我们每日都在亲身体验这个由人类设计制造出来的物质世界。整个物质世界是如何演变成今天的形态的呢？为何某个家具的形态是这个样子而不是另一种？同样功能的家具在不同的时空背景中有不同的形态，就如欧洲的巴洛克与洛可可家具与中国的明式家具的形态截然不同一样，所以在进行家具设计时必须很好地了解形态的概念。

形态是家具设计师设计思维和图形设计中的基本语言，概念形态的系列构成和几何学一样，以点、线、面、体作为概念形态的基本形式。

从基本的形态出发去塑造出多变的形态，是形态设计的精髓。开拓家具形态设计，是指从多视觉、多视点

图 2-42　充气沙发

图 2-43　充水沙发

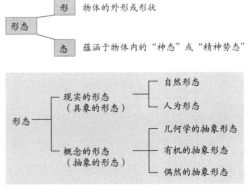

形态 ── 形　物体的外形或形状
　　 ── 态　蕴涵于物体内的"神态"或"精神势态"

形态 ── 现实的形态（具象的形态）── 自然形态
　　　　　　　　　　　　　　── 人为形态
　　 ── 概念的形态（抽象的形态）── 几何学的抽象形态
　　　　　　　　　　　　　　── 有机的抽象形态
　　　　　　　　　　　　　　── 偶然的抽象形态

图 2-44　形态概念图

上以创造的形态观进行多重塑造。概念形态是现实形态舍去种种属性之后剩下来的基本构成元素，研究概念形态的基本要素并在家具造型设计中充分运用是非常必要的。关于概念形态的点、线、面、体四个基本要素，将在下一章中进行深入研究。加以论述。

（3）家具的材料创新

当前，影响我国家具业进步的最重要环节就是家具的创新设计，而家具设计要想取得实质性的飞跃，必须坚持研究和探索家具设计的创新理念，将目光聚焦于家具设计领域的前沿动态和研究成果，使家具设计反映时代潮流。在科技高速发展的今天，材料更新换代越来越快，材料的选择范围也更加广泛。设计的实现离不开材料的支撑，没有材料设计将永远停留在创意阶段，无法成为真正的设计，设计的一个重要特征就是它的实现性。

家具设计对材料的选择，既是触觉的直接体验，又是材质的综合表现。无论是天然材质还是人造材质，其特性、肌理、质地都成为作品内在意蕴的体现，而家具的材料选择也对家具的造型设计有一定程度的影响。家具中的材料是人与家具沟通的中介物质，能够很好地塑造家具的形态，并使家具传递出冷、暖、硬、软、轻、重等形象感。在家具设计中，不同的材料有着不同的加工方法与成型方式，这与家具的形式创新有着直接的关系。

在工业设计史中，自 1779 年冶铁业重要基地柯尔布鲁克代尔建造了第一座大型的铁结构桥梁以后，整个工业领域的设计手法发生了巨大变化，以生产各种金属小饰物为特色的小五金行业兴起。自 20 世纪酚醛树脂问世以来，塑料这一新型材料开始在家具设计中被广泛使用，20 世纪 60 年代被世人称为"塑料的时代"。在 20 世纪 60 年代，丹麦设计师潘顿与美国米勒公司合作进行整体成型玻璃纤维增强塑料椅的研究工作，就是材料的创新设计，这项研究最终导致了玻璃纤维增强塑料（即玻璃钢）在家具制造业中的广泛应用。因此，家具材料的创新设计是家具形态创新设计时的一个重要组成部分，是人们长期认识材料和利用材料特性的结果。

1960 年潘顿设计出了以单件材料一次性模压成形的家具——"潘顿椅"（图 2-45），这也是世界上第一把一次性模压成型的玻璃纤维增强塑料（玻璃钢）椅。潘顿椅外观时尚大方，具有流畅大气的曲线美，其结构根据人体曲线设计完成，舒

适感极强。由于玻璃钢能够呈现出多
种色彩，因此潘顿椅外形十分艳丽，
加上玻璃钢表面光滑，故具有强烈的
雕塑感，至今享有盛誉，这一设计被
世界许多博物馆收藏。潘顿椅的成功
成为现代工业家具设计史上革命性的
突破，也成为家具艺术创意的典范。

图2-45　潘顿椅

现代家具设计师设计的透明木
桌同样是材料创新的典范。这种透明
的木桌给人一种视错觉，让人们感觉
木桌在眼前隐形了，只能隐约看到一
些木纹。这种透明的木桌是由高质量
的丙烯酸酯制成的，造型简约时尚，而且十分轻便。能产生这种视错觉的设计还有
很多，例如设计师利用硬质腈纶材料做成的餐桌，颠覆了传统意义上四脚朝地的桌
子造型，而是将柔软的餐桌布作为餐桌的造型设计，让人眼前一亮。2009年红点设
计奖冠军吴玉英设计师还利用特殊的泡沫材质设计出"会呼吸"的沙发，直到用户
坐上去之后，沙发的真正形状才能显示出来。

（4）家具的结构创新

家具的结构创新设计包括新结构形式的发明、新结构节点连接技术的应用，以
及结构设计流程和方法的创新。新结构形式的发明，是为了获得全新的结构美的体
验。所谓的家具结构美，指结构形式影响下的各部件的构成艺术，属于造型美学的
细节延伸。结构设计流程和方法的创新是在传统结构设计的基础上，吸收新材料技
术、计算机应用技术、环境保护技术、现代管理技术等现代技术的科学知识，转化
成新的家具结构设计理念和方法。

工艺美术运动中，新技术带来了机械化大生产下家具结构的创新。家具结构
的创新是多方面因素综合作用的结果，是工艺技术水平进步的结果；是特定的历史
文化背景所致；由大众文化趣味趋向所引发。由于几何形状的简洁结构有助于大批
量机械化生产，因此带来了家具形式方面的创新。英国的工艺美术运动受莫里斯的
影响，强调装饰与结构因素的一致和协调，抛弃了被动地依附于已有结构的传统装

饰纹样，而极力主张采用自然主题的装饰，开创了从自然形式、流畅的线型花纹和植物形态中进行提炼的过程。新艺术运动的设计师们则把这一过程推向了极致，德国、奥地利和斯堪的纳维亚各国则偏向于设计造型，着重强调理性的结构及功能美。从设计而言，新艺术运动是一个注重家具形式的运动，对家具设计产生了深远的影响。新艺术运动承认机器生产的必要性，主张将技术与艺术相结合，注重家具内部的合理结构，直观地表现出工艺过程和材料。它以打破建筑和工艺上的古典主义传统形式为目标，强调曲线美和装饰美。新艺术运动在推动家具设计发展上的历史功绩是巨大的。

查理斯·R. 麦金托什[1]（Charles R. Mackintosh，1868—1928）是英国格拉斯哥一位建筑师和设计师。他的早期活动深受莫里斯的影响，具有工艺美术运动的特点。1903 年麦金托什为出版商沃特·W. 布莱克在苏格兰海博格（地名）"山宅"的设计全无自然主义，只注重功能性和精确性。为布莱克的卧房设计的几何型高背椅，显示了麦金托什作品中前卫与保守的统一：方格造型是英国传统的梯背椅与美国 19世纪 90 年代弗兰克·劳埃德·莱特（Frank Lolyd Wright）夸张的椅背高度相结合的产物，这种被称为高直的风格，在家具中呈现出高直、清瘦的茎状垂直线条，传递出植物垂直向上生长的活力。其椅子的材料选用黑檀色的橡树与纺织品，设计吸收了凯尔特人和日本人的装饰审美观。但是他所设计的这把著名的椅子坐起来并不舒服，并常常暴露出实际的结构缺陷。为了缓和刻板的几何形式，他常常在油漆的家具上绘几枝程式化的红玫瑰花饰。在这一点上，他与工艺美术运动的传统相距甚远。

现代设计师设计出的家具作品，如折纸型板凳设计，创意来源于小时候玩耍的折纸游戏，小小的家具带给人们美好的童年回忆。由此可见，在家具设计的结构创新中，还可以从家具外观结构的开启方式、运行结构传递出的感情、家具部件连接的方式等着手，努力通过家具结构创新来传达家具形态的独特性。

在美国纽约的哈德逊公园内，设计师设计的城市家具在结构上别出心裁。设计师将传统意义上的桌子与椅子造型相结合，使得桌子与椅子、吊顶与椅子有机地连

---

[1] 麦金托什被公认为是新艺术运动在英伦三岛唯一的杰出人物和 19 世纪后期最富创造性的建筑师、设计师。他和妻子以及妻妹、妹夫在格拉斯哥艺术学院成立了"格拉斯哥四人"设计集团，从事家具及室内装修设计工作，一生中设计了大量的家具、餐具和其他家用物品。

接在一起，浑然一体。游客可以面对面地坐着交流，也可以背靠背地坐在一起。这种座椅不仅具有使用功能，还具有观赏功能，就像一个个雕塑屹立在景区内，深受人们喜爱。

（5）家具设计创新中的形式美法则

在现代社会中，家具已经成为艺术与技术结合的产物，家具与纯造型艺术的界线正在模糊，建筑、绘画、雕塑、室内设计和家具设计等艺术与设计的各个领域在对美感的追求和对美的物化等方面并无根本不同，而且在形式美的构成要素上有着一系列通用的法则，这是人类在长期的生产与艺术实践中，从自然美和艺术美中概括提炼出来的。要设计创造出一件美的家具，就必须掌握艺术造型的形式美法则。家具造型设计的形式美法则是在几千年的家具发展史中由无数前人大师在长期的设计实践中总结出来的，并在家具的造型美感中起着主导作用。家具造型的形式美法则和其他造型艺术一样，具有民族性、地域性、社会性，又有它自己鲜明的个性特点，同时受到功能、材料、结构、工艺等因素的制约，每个设计师都要按照自己的体验和感受去灵活、创造性地应用这些法则和经验。

（6）家具形式创新的手法

家具形式创新是一种符号赋予的设计活动，是以符号的形式进行外在形象的表达，从而传达给使用者创新设计的内涵。在家具设计中，设计师在进行家具形式设计时，首先要在家具形态定位中了解消费人群的价值观、兴趣爱好、生活方式等；其次要明确设计出什么样的家具造型，才能符合消费人群所期望的家具形态所具有的特征及美学倾向；最后确定家具造型的风格等问题。家具形式创新是一体化的设计方案，因此，若想家具的造型、质感、材料、色彩、功能等可以顺利地实现创新，必要的家具形式创新手法将会带来事半功倍的效果。

形状组合法是家具形式创新中最常用也最容易掌握的一种方法，它通过不同家具、不同技术、不同原理、不同现象的组合、分解与重构，产生新的成果，这个过程是抽象概念具体化的过程。在家具艺术形式创新中，要根据形式的法则，对家具色彩、结构、材质等要素进行重新组合、分解与重构。例如，一个家具单元的基础形态是球体、锥体、方体、圆柱等几何形体加上一些曲面的组合与分解。通过对形态单元的合理运用，可使形态生动活泼、富于变化，增强艺术感染力，同时也为生产加工、装配调试带来方便。有目的的组合也会使形态简洁统一、整体感强，使家具各元素之间形成更加统一、关联性更强的有机整体。如现代设计师设计的鞋柜、沙发与茶几也是采用形状组合、分解与重构的方法，用户可以根据需求，将鞋柜、沙发与茶几自由组合搭配，从而合理利用空间，使得家具设计达到一种魔幻空间的效果。

　　本章重点阐述了家具设计的思维方法和家具设计的创新形式。科学的思维方法和适合的创新形式有助于设计师在设计过程中确定设计目标、制订设计方案、及时发现并解决问题，从而提高家具设计的效率和品质。

课后讨论

搜集 5 件中外优秀家具作品，说说这些家具体现了哪些家具设计的思维方法。

第三章 | Chapter 3
家具设计的程序

第一节　家具设计的基本原则

家具设计是一种设计活动，因此它必须遵循一般的设计原则，"实用、经济、美观"是适合于所有设计的一般性准则。家具设计又是一种区别于其他设计类型（如建筑设计、平面设计等）的设计，因此家具设计的原则具有其特殊性。家具设计是技术与艺术的统一，也是传统与创新的统一。它既要考虑到人们的物质需求与精神需求，在具体设计时又要涉及许多交叉学科，如人机工程学、环境保护学、人文学、心理学、市场营销学等，它们在设计中互相渗透、相辅相成。此外，家具还必须尊重目标市场的消费者，消费者的生活方式、对生活质量与功能的要求，决定了家具应具有的服务功能、艺术造型和技术质量。因此，功能、造型和技术构成了家具设计的三个基本要素。其中，功能性要求是首要因素，是设计的基本目的；造型是设计者的审美构思，是功能的外在表现形式；家具的材料、加工方法和设备等技术条件是实现功能性要求、赋予材料特定造型的物质保证。在进行家具设计时，只有遵循家具设计的基本原则，才能实现功能、造型、技术的和谐统一。归结起来，家具设计的基本原则主要有以下四点。

1. 系统实用原则

家具的系统性体现在三个方面：一是配套性；二是产品家族及其血缘关系；三是标准化的灵活应变体系。配套性是指一般家具都不是独立使用的，而是需要考虑与室内其他家具和物件使用时的协调性与互补性。因此，家具设计的广义概念应该延伸至整个室内环境的综合视觉效果与功能的整体响应。产品家族及其血缘关系是指同一个品牌下面的家具应当具有相同的基因，如果品牌定位与理念没有变化，那么无论产品怎样更新换代，新旧产品之间一般应当具有一定的血缘关系。标准化的灵活应变体系是针对生产销售而言的，小批量多品种的市场需求与现代工业化生产的高质高效性一直是困扰家具行业的一大问题。在此情况下，家具设计容易误入两条歧途：一种做法是回避矛盾，即不做详细设计，而是将不成熟的设计草案直接交给生产工人，由一线工人进行自由发挥，其最终效果处于失控状态，也浪费了宝贵的生产时间；另一种状况是重复设计严重，设计师周而复始地重复着简单而单调的结构设计工作，既消耗设计人员的大量精力，又容易出差错，而且会扼杀设计人员的创造性。家具设计虽然最终反映出来的结果是家具产品，但设计过程中所涉及的问题却是多方面的。因此，设计师必须以系统的、整体的观点来对待设计。

2. 艺术美学原则

艺术性是人的精神需求，家具的艺术性泛指美观和风格特征，它直接关系到审美价值。家具以产品的形式布置于室内空间界面中，并决定室内空间的主调。人们在使用过程中，通过对家具的色彩、造型、风格与特点的感受，体会家具的艺术魅力，激发愉悦的心情，从而得到美的享受和文化熏陶。家具的艺术效果将通过人的感官产生一系列生理反应，从而给人的心理带来强烈的影响。美观对于实用来说虽然次序在后，但绝非可以厚此薄彼。重要的是何为美，怎样来创造美的效果？尽管有美的法则，但美不是空中楼阁，必须根植于由功能、材料、文化所带来的自然属性中，矫揉造作并不是美。美还与潮流有关，家具设计既要有文化内涵，又要把握设计思潮和流行趋势，潮流之所以能够成为潮流是因为它反映了强烈的时代特征，而时代特性具有文化或亚文化的属性。

家具的审美价值表现在使用功能上，应使观赏者和使用者都能得到审美情趣的满足。因此，家具产品的外观美要与实用性相互协调，在实用的基础上，必须按照形式美的原理来处理各个设计要素的关系，使产品在比例和尺度上满足静态和动态的平衡。与此同时，家具的款式与风格还要根据环境的总体要求与生活的时代、地域、民族及文化历史背景来考虑，使款式风格与总体环境相一致。

3. 科学安全原则

家具设计应按人机工程学的要求来进行尺度、舒适性、宜人性设计，避免设计不当带来的不适与事故。设计师要从设计学理论出发，遵循一定的设计理念、设计思想进行设计，体现设计的社会性和文化性的同时，兼顾科学性、安全性。

4. 可持续和创造性原则

可持续设计是指设计师应当将维护有效的生态系统和社会公平作为自己的责任，倡导绿色设计，减少资源消耗，对人类负责，对子孙后代负责。

环保概念应当从广义上去理解，不仅要减少自身所处的小环境的污染，更要从整个地球环境及其可持续发展的能力上来承担设计责任。要在资源可持续利用的前提下实现产业的可持续发展，家具设计必须考虑减少原材料、能源的消耗，考虑产品的生命周期，考虑产品废弃物的回收利用，考虑生产、使用和废弃分别对环境的影响等多方面的问题。

如前书已讲，设计应当遵循 3R 原则，即 Reduce（减量），Reuse（再利用）和 Recycle（再循环）。只有在此原则基础上的设计，才可以确保家具产业永远立于朝阳产业的行列之中。

第二节　家具设计的一般程序

家具从最初的设想变成现实物品，其间经过了烦琐的设计过程。家具设计包含从最初设想到产品完成的一系列步骤，需全方位协调和解决家具的功能、材料、技术、造型等问题，使家具达到完整的设计要求。

家具设计程序的实施是按严密的次序逐步进行的，这个过程有时前后反复、相互交错，出现回头现象，称为设计循环系统。采用循环系统是为了不断检验和改进设计，最终实现设计的目标和要求，流程如图 3-1。下面将对其中一些流程进行详细介绍。

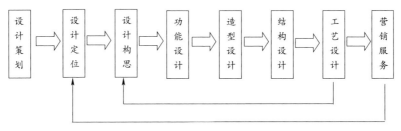

图 3-1　设计循环系统流程图

1. 设计策划

在进行设计策划前，首先要针对目前的市场状况进行市场调查，然后再根据调查结果做出科学合理的设计策划。

（1）市场资讯的全面调查

家具的设计与开发是以市场为导向的创造性活动，需要既能创造消费市场、满足大众需求，同时又能批量生产，便于制造，从而为企业创造效益，这是产品开发与设计必须真正把握和解决好的系列化问题。无论是自由职业的家具设计师，还是驻厂家具设计师，设计的首要前提就是全面掌握资料，开展市场调查，只有从最广泛的各个层面搜集资讯，才能保证一个具体的家具产品开发不至于成为空中楼阁。市场调查就是为产品开发设计铺垫基础。

在信息资讯非常发达的今天，我们可以采取以下方式进行资讯搜寻：

① 对互联网与各种期刊资料的资讯搜寻

在家具新产品的前期调研中，互联网与专业期刊等资料的资讯搜寻、家具市场的调查研究、家具博览会或设计展的观摩与调研等都是资讯搜寻的重要方式。互联网已经成为一个虚拟、动态的全球最大的信息库，对于信息时代的设计师来说，应学会高效地上网浏览搜集专业资料，并把其中有参考价值的图文资讯下载归类与分析整理，为自己的新产品开发设计做准备。除互联网外，中外专业期刊、设计年鉴、专业著作、家具图集、科技情报、专利信息等也是专业资讯搜寻的重要途径。设计师要善于整理收集资料，并形成个人的专业资料库，要善于利用人类已经创造的文明成果为自己的设计所用。

② 对家具市场的调研

家具市场是从事家具设计专业的第二课堂。目前，全国各地都分散着一些家具销售的中心市场和集散地，如广东顺德乐丛的国际家具城，被称之为"永不落幕的家具博览会"。在上海、北京等各大城市，家具、家饰、灯具、布艺、装修建材的专业性大市场、大商城都已基本形成。这是学习、研究、调查真实具体的家具信息的好平台，我们可以开展各种专项调查并进行第一手资料的搜集，如搜集一些家具品牌的广告画册或价格、款式、销量等信息，以及不同消费者对产品造型、色彩、装饰、包装运输的意见和要求等。设计人员可以扮演不同的角色介入市场进行调研，如家具批发商、顾客等，不同的角色在市场中能从不同角度和层面获取不同的专业信息和专业资料。

③对家具博览会等设计展的观摩与调研

国内外每年都要定期举办家具博览会，这是观摩学习家具设计、搜集专业资料的最佳机会。家具博览会是反映最新家具设计和市场销售的晴雨表。国际家具业的三大展览——意大利米兰国际家具展、德国科隆国际家具展、美国高点国际家具展，更是汇集全球家具精品的国际家具业盛会。国际三大展每年同时也会举办家具设计大赛，更是国际家具设计新概念的最新展示，是设计师学习交流的好机会。具有特色的国际家具展还有：意大利乌迪内的国际椅子展、斯堪的那维亚的北欧家具展、东京国际家具展、法国巴黎国际家具展等。参加这些展会可以搜寻大量的家具画册、广告、配件、五金，那些平时非常珍贵难得、印刷精美的专业画册和资料都会发放。同时，这些活动也是了解、观摩最新家具设计、最新家具时尚潮流、最新家具销售趋势的好场所，应尽可能争取参加。

近年来国内家具博览会也风起云涌、热闹非凡，影响较大的有上海举办的中国家具博览会、广州举办的广州国际家具博览会，以及深圳举办的国际家具、木工机械（深圳）展览会、广东乐丛的国际家具博览会、广东东莞的名家具（东莞）展览会、北京举办的国际家具暨木工机械展览会等。

④对家具工厂的调研

现代家具的大工业生产方式，使得家具的生产制作通常不是少数几个人或单独一个工厂就可以完成的，而需要经过多道工序、多种专业部件工厂的协作，并以现代化生产流程的方式完成。所以，从事家具的设计与开发，必须对家具的生产工艺流程、家具的零部件结构有清晰的了解和掌握，最好的办法就是到各个不同的专业家具工厂进行实地的观摩和学习。如板式家具、实木家具、办公家具、软体家具、金属家具等不同的专业家具在生产的工艺结构、材料上是各不相同的，在书本和课堂上很难学到。亲身前往生产第一线去全面地学习和了解，甚至重点测绘、解剖一些家具实物，才能在理解功能、材料、结构、工艺和美学的基础上，进行家具新产品的开发与设计。尤其对于自由设计师来说，其设计服务对象大多是面向社会的家具企业，并多为不同的产品方向和家具种类从事开发与设计，因此这更为重要。由于设计面广，更是非常有必要围绕具体的家具开发项目，有针对性地到对口的家具工厂生产第一线做专业观摩和调研，掌握第一手资料，熟悉专业的生产工艺、设备、材料加工工艺，并与家具制作商紧密合作，共同参与新产品的开发设计，从而保证设计过程的每一环节都能落到实处，保证产品设计最终得以实现。驻厂设计师的设计服务对象较为单纯，而且一般的家具企业都设有专门的市场营销部门和生产车间来参与产品的开发设计。

"数字化生存"已经成为各个专业领域发展的方向。家具的设计与开发是以市场为导向的创造性活动，它要求既能创造消费市场满足大众需求，同时又能批量生产、便于制造，更重要的是为企业创造效益，这是一个产品开发与设计人员必须真正把握和解决的系列化问题。在初步完成了产品开发市场资讯的搜寻工作后，要对所有资讯进行系统整理，定性定量分析，做出专题分析报告，并做出科学结论或预测，编写出图文并茂的新产品开发市场调研报告书，供制造商和委托设计的客户作为决策参考和设计立项依据。

（2）设计策划

家具的开发与设计策划就是对新家具设计进行定位，确立设计目标。由于家具企业的不同，其产品方向与生产经营模式也不同。家具新产品的开发设计一般可分为三种情况：原创性产品开发设计、改良性产品开发设计，以及工程项目配套家具的开发设计等三种。

①原创性产品的开发设计

原创性家具产品开发设计是一种针对人的潜在需求，针对新科技、新材料、新工艺的创造性产品的开发设计。时代在进步，人的生活方式也在变化，人们对家具的需求也在变化，所以，产品开发设计无极限，永远会有新的产品设计创造。现代家具发展史中的索耐特椅、布劳耶的钢管椅、阿尔托的热弯胶合板家具、沙里宁与伊姆斯的有机家具、中国的"联邦椅"（图3-2），都是紧贴时代生活，结合现

图3-2 联邦椅

代新科技、新材料、新工艺的原创家具设计经典作品，开创了现代家具的多元风格和发展方向。

原创性产品的开发设计包括创造新生活的产品开发、基于新技术材料的开发设计和概念设计。原始社会人们席地而坐，一块原始石头打磨后就可以用作凳子；经过历史的演变，扶手椅、靠背椅、躺椅、软体沙发相继诞生；再进一步符合人体工学的能转动、摇摆、任意改变坐姿的现代椅也出现了。人类在椅子的形态上不断地开发设计出更舒适、更符合人性的"坐具"。传统观念中不起眼的厨房家具，在现代社会演变为整体设计、标准制造、家电配套、智能控制的现代化开放式厨房家具。过去大专院校学生宿舍的双层简易铁架床，在信息时代演变成集学习、上网、生活为一体的学生公寓工作站家具。基于新生活形态的产品开发，要从结构、习惯、生活方式的进步意义上打破旧产品的形态，以一件件崭新的产品开创出新时代的生活结构，提高人们的生活水平。

新技术、新材料标志着人类文明的最新积累，其实质意义必然要通过产品的形式表现出来。制造家具的材料从传统的木、石、皮革、竹、藤等天然原始材料，发展到今天的金属、塑料、玻璃、布艺，给现代家具带来了全新的产品形态。以新技术、新材料为动力的主导因素开辟了家具设计的新天地。传统的手工卯榫框架结构一直是家具的主要结构工艺，但是沿袭几千年的构造方法也使家具造型无法真正创新。与此同时，现代木材加工新方法开创了全新的制造技术与构造工艺，如现代板式家具 32mm 系统结构设计、现代胶板热压弯曲型工艺、现代强力胶合与贴面封边技术、现代数控机床加工成型技术，这些全面开创了现代家具在造型上的新面目。金属与塑料、塑料与涂料、布艺与皮革、人造板材、人造石材、人造纤维、仿真印刷纸张等新材料广泛应用于家具，不断演绎现代家具的新概念。

产品设计开发面向未来社会，是在现实与未来之间构筑出一座座由前卫性概念构筑的产品桥梁、描绘出人类对未来美好生活的憧憬。只有不断突破与创造，以全新的产品形态去表现，才能把人们带入一个更加美好的新世界。

在设计教育创意训练、启迪思维等方面，概念设计是培训设计师的有力武器，在整个设计思维方式的训练过程中，对创造力的培养，对艺术设计元素及结构规律的掌握，概念设计都处在一个非常重要的地位，概念设计把持着进入自由创造王国的金钥匙。

②改良性产品的开发设计

改良性产品的开发设计是基于现有产品基础的整体优化和局部改进设计，使产品更趋完善，更适合于人的需求与市场的、环境的需求，或者更适应新的制造工艺和新的材料。由于社会的发展、技术的进步永无止境，所以产品改良的可能性是无限的。尤其是对刚刚起步的中国家具业来说，改良性产品开发设计也是模仿、借鉴、吸收、消化欧美家具先进设计的重要手段，也是使中国现代家具迅速赶超世界先进水平的有效途径，对于一个经济还不够发达的国家来说，这是一个发展的必然过程。

在中国家具制造第一镇——广东省佛山市顺德区龙江镇有二千多个家具企业，它们的创始人正是在 20 世纪 80 年代，纷纷跨洋过海、出国学习取经而逐步发展起来的，成为我国第一代家具创业者。

改良性产品开发设计，第一要确定产品的"不良"之处，即存在的缺点，通常是有针对性地进行部位、部件的效果分析，在材料、工艺、结构上加以改进；第二是在现有产品的基础上做增加功能、提升附加值的改良设计，如在会议椅上增加活动写字板，在床头靠板上增加床头灯、音乐播放器的多功能设计等；第三是在材料结构上的改良设计，如现代竹藤家具保持了竹藤天然纤维材料丰富优美的编织纹理，只在骨架结构上改良或采用金属不锈钢弯管，这样能使传统的竹藤家具与现代家具风格和谐统一，既保持了竹藤家具的灵巧和编织美，又增强了竹藤家具的强度。

③工程项目配套家具开发设计

工程项目配套家具是与特定的建筑和室内环境紧密结合的专门工程配套家具，在现代办公家具、酒店家具、商场家具、展示家具、城市公共空间户外家具等工程中被广泛采用。在现代家具发展史上，许多现代家具设计大师都是建筑大师，许多经典的家具设计都是与建筑设计同时配套诞生的。

在现代家具行业中，为特定建筑工程配套的家具工程设计将越来越专门化，市场空间也越来越大。如今，专门生产办公家具、酒店家具、户外家具、商业家具等的工厂越来越多，在这些专门化的家具工厂中，最大的设计开发业务就是参加相关建筑工程项目的家具招标设计，更多需要的是从建筑学的角度，从室内设计和环境设计的角度进行家具工程的配套设计。在这方面，中国现代家具更应向西方学习，建筑设计与家具设计的长期分离与脱节，使中国家具在近一百多年的历史中不能与世界家具同步发展，不能产生中国现当代家具设计大师。从世界和中国家具发展史的纵向和横向的坐标参照对比中，可以清晰地看到这个差距。

2. 设计定位

设计定位是指在设计前期资讯搜寻、整理、分析的基础上，综合一个具体产品的使用功能、材料、工艺、结构、尺度、造型、风格而形成的设计目标或设计方向。每当接受一项产品的设计任务时，是马上着手设计，还是先广泛进行了解，以全新的视点去进行创意构思并在此基础上确立设计目标和设计方向，这涉及设计方法论的问题，也是设计开发的具体程序问题。在家具产品的开发设计中，确定设计定位十分重要，定位准确，会取得事半功倍的效果，而稍有差错，则可能会导致整个设计走入歧途而失败。

(1) 设计目标的审视与分解

面对一个具体的家具开发项目，我们必须以全新的视点进行审视，必须把头脑中的旧有模式暂时甩掉，不抱成见地审视设计目标，任凭创意灵感尽情发挥。

在动手设计和勾画草图之前，应首先在头脑中弄清楚设计定位中的相关元素，把产品开发的目标进行细化分解，甚至可以列出一个基本提纲和框图，从产品构成元素的细化分解中解决问题。

(2) 确定设计目标的最佳点

设计定位是理论上的总的要求，是原则性的、方向性的，甚至是抽象性的。不要把设计定位与家具具体造型等同起来，前者只在整个家具开发设计过程中起方向或目标的作用。设计定位是进行造型设计的前提和基础，所以要首先确定。但在实际的设计工作中，设计定位会不断变化，这种变化是设计进程中创意深化的结果。设计过程是一个思维跳跃和流动的动态过程，由概念到具体，由具体到模糊（在新的基点上产生新的想法），是一个反复的螺旋上升的过程，尤其是要不断地与设计委托的甲方进行探讨、磨合、论证。所以，设定设计目标本身就是一个不断追求最佳点的过程。

(3) 设计定位的定性定量分析

产品设计是一种由多重相关要素构成的方法系统，在设计实践中，又是一个动态的变化过程，受外部和内部条件影响很大。产品设计构成非常复杂，既有感性的一面，又有理性的一面：感性的一面表现为无定数和无定理的变换过程，理性的一面表现为一定原理支撑下的必然构成。因此，用定性定量的分析方法来研究产品的设计开发构成，可以帮助理清设计脉络，使设计目标更明确、设计方法更易掌握。

　　以椅子开发设计为例。当我们用数据化定量和概念化定性的分析方法来审视椅子的开发设计过程时，精心明确的量化指标结构对产品开发设计大有帮助，便于我们控制掌握整个设计开发过程，见图 3-3。

图 3-3　椅子的开发设计

3. 功能设计

　　在漫长的家具发展历程中，人们对于家具的造型设计，特别是对人体机能的适应性方面，大多仅通过直觉的使用效果来判断，或凭习惯和经验来考虑，对不同用途、不同功能的家具，没有一个客观的科学的定性作为分析的衡量依据。包括一些宫廷建筑家具在内，无论中西，虽然精雕细刻、造型复杂，但在使用上都是不舒适甚至是违反人体机能的。现代家具最重要的理念就是"以人为本"，基于人的本性来设计开发，从"机械设计"走向"生命设计"，用产品设计开发创造新生活。

现代家具早已超越了单纯实用的需求层面，进一步以科学的观点研究家具与人体心理机能和生理机能的相互关系。现代家具设计是建立在对人体构造、尺度、体感、动作、心理等机能特征的充分理解和研究基础上的系统化设计。

（1）人机工程学基本知识

①人体基本知识

家具设计需要研究家具与人体的关系，要了解人体的基本构造及构成人体活动的主要组织系统。人体由骨骼系统、肌肉系统、消化系统、血液循环系统、呼吸系统、泌尿系统、内分泌系统、神经系统、感觉系统等组成，这些系统像一台机器那样互相配合，共同维持人的生命和完成人体活动。在这些组织系统中，与家具设计关联最密切的是骨骼系统、肌肉系统、感觉系统和神经系统。

②人体基本动作

人体的动作形态相当复杂而又变化多端，坐、卧、立、蹲、跳、旋转、行走等都会显示出不同的形态特征，并具有不同的尺度和空间需求。从家具设计的角度来看，合理地依据人体一定姿态下的肌肉、骨骼结构来进行设计，能减少人的体力损耗与肌肉疲劳，从而极大地提高人体舒适性。在家具设计中对人体动作的研究十分必要，而与家具设计关系最密切的人体动作是立、坐、卧。

③人体尺度

公元前 1 世纪，罗马建筑师维特鲁威从建筑学的角度出发，对人体尺寸进行了较为完整的论述。比利时数学家奎特莱特 1870 年发表的《人体测量学》一书，创建了人体测量学这一学科。按照维特鲁威的描述，文艺复兴时期著名艺术家达·芬奇创作了著名的人体比例图，如图 3-4 所示。继他们之后，又有许多哲学家、数学家、艺术家对人体尺寸继续进行研究，如从美学的角度研究人体比例关系。

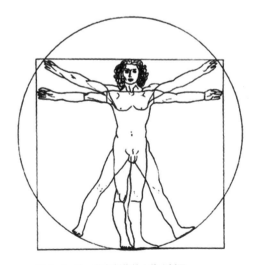

图 3-4　达·芬奇创作的人体比例图

家具设计最主要的尺寸依据是人体，如人体站立的基本高度，伸手的最大活动范围，坐姿时的下腿高度和上腿长度及上身的活动范围，睡姿时的人体宽度和长度及翻身的范围等，都与家具尺寸有着密切的关系。因此，学习家具设计，必须首先了解人体各部位固有的基本尺度。

我国由于幅员辽阔，人口众多，人体尺度随年龄、性别、地区的不同而有所变化，同时随着时代的进步、人们生活水平的提高，人体尺度也在发生变化。因此，我们只能采用人体尺度的平均值作为设计时的相对尺度依据。一个家具服务的对象是多元的，如一张座椅可能为个头较高的男人服务，也可能被个子较矮的女人使用。因此对尺度的理解应全面，离开了人体尺度设计，家具就无从着手，但对尺度也要有辩证的观点，具体问题具体分析，使其具有一定的灵活性。图 3-5 为人体各部分的基本尺寸。

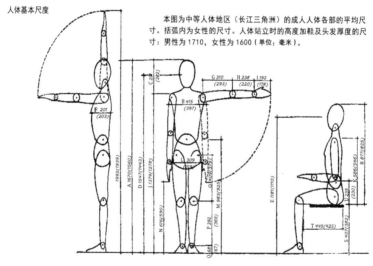

图 3-5 人体各部分的基本尺寸

④人体尺寸的分类

构造尺寸：指静态的人体尺寸，它是在人体处于固定的标准状态下测量出的，包含身高、坐高、手臂长度、腿长度、臀宽、大腿厚度、坐时两肘之间的宽度等。

功能尺寸：指动态的人体尺寸，是人在进行某种功能活动时肢体所能达到的空间范围。它是在动态的人体状态下测得的，包含关节的活动、身体转动所产生的角度与肢体的长度等。功能尺寸对于解决带有空间范围、位置的问题很有用。在使用

功能尺寸时需强调，在完成人体的活动时，人体的各个部分是不可分割的，它们共
同协调动作。图 3-6 所示是人体基本的动作尺寸。

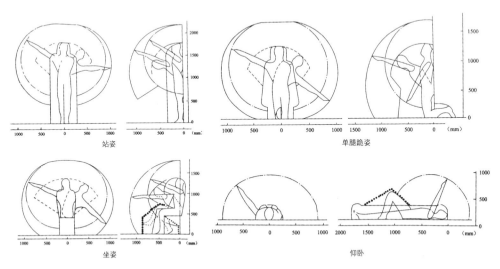

图 3-6　人体基本动作尺寸

⑤人体尺寸的差异

不同的国家、不同的民族，由于地理环境、生活习惯、遗传特质的差异，导致
人体尺寸的差异十分明显（如表 3-1）。如身高，从越南人的 160.5cm 到比利时人的
179.9cm，高差竟达 19.4cm。

表 3-1　各国人体尺寸对照表（单位：mm）

人体尺寸	德国	法国	英国	美国	瑞士	亚洲
身高（立姿）	1720	1700	1710	1730	1690	1680
身高（坐姿）	900	880	850	860	—	—
肘高	1060	1050	1070	1060	1040	1040
膝高	550	540	—	550	520	—
肩宽	450	—	460	450	440	440
臀宽	350	350	—	350	340	—

世代差异：在过去 100 年里，人们的生长加快（加速度）是一个特别的现象。
子女们一般比父母长得高，这在总人口的身高平均值上也可以得到证实。欧洲的居

民每十年身高增长 10 至 14 毫米。因此，若使用早先数据会导致相应的错误。

年龄差异：年龄造成的差异也很明显，体型随着年龄增加而发生的变化最为明显。一般来说，青年人比老年人身高要高，老年人比青年人体重要重。在进行一些设计时必须多考虑年龄差异。

性别差异：3 至 10 岁这一年龄阶段男女的差别极小，同一数值对两性基本均使用，两性身体尺寸的明显差别是从 10 岁开始的。一般女性的身高比男性低 10 厘米左右，但并不能简单地把女性按较矮的男性来处理。调查表明，女性与身高相同的男性相比，二者的身体比例是完全不同的，女性臀宽肩窄，躯干比男性较长，四肢较短，在设计中应注意到这些差别。

本书我们参考 1962 年中国建筑科学研究院发表的《人体尺度的研究》一文，借用其中有关我国人体的测量值作为家具设计的参考。

(2) 家具功能与人机工程学

家具设计是一种创作活动，它必须依据人体尺度及使用要求，将技术与艺术诸要素加以完美的综合。家具的服务对象是人，我们设计的每一件家具都是为人服务的，因此家具设计的首要因素是符合人的生理机能和满足人的心理需求。

如前文所述，根据家具与人和物之间的关系，可以将家具划分成三类：第一类为与人体直接接触，支承人体活动的坐卧类家具，如椅、凳、沙发、床榻等；第二类为与人体活动有着密切关系，辅助人体活动、承托物体的凭倚类家具，如桌台、几、案、柜台等；第三类为与人体产生间接关系，起着贮存物品作用的贮存类家具，如橱、柜、架、箱等。

①坐卧类家具

坐卧类家具的基本功能是满足人们坐得舒服、睡得安宁、减少疲劳和提高工作效率。这四个基本功能要求中，最关键的是减少疲劳，如果在家具设计中，通过对人体的尺度、骨骼和肌肉关系的研究，使设计的家具在支承人体动作时，将人体疲劳降到最低程度，也就能得到最舒服的最安宁的感觉，同时也可保持最高的工作效率。

a) 坐具的基本尺度与要求

座椅设计的关键点包括座高、座深、座宽、座面倾角、扶手高度、靠背、椅垫垫性、侧面轮廓等，图 3-7 展示了各类凳椅的尺度和常用尺寸。

座高是指坐具的座面与地面的垂直距离，椅子的座高由于椅座面常向后倾斜，

各类凳椅的尺寸（单位 mm）

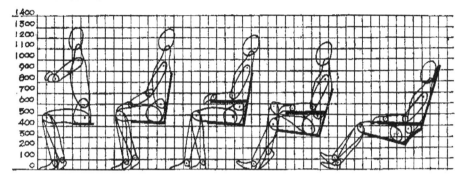

各类凳椅常用尺寸表（单位 mm）

	凳		靠背椅			扶手椅			沙发				躺椅	
	一般	较小	较大	一般	较小	较大	一般	较小	较大	一般	较小	较大	一般	较小
H	440	420	820	800	790	820	800	790	900	820	780		800	
H_1			450	440	430	450	440	430	400	380	360		370	
H_2			425	415	405	425	415	405	350	330	310		250	
H_3						650	640	630	560	550	530		450	
H_4						400	390	390	600	510	490		520	
H_5													280	
W	360	340	450	435	420	560	540	530	730	720	700	800	760	750
W_1						480	460	450	560	550	530	580	550	530
W_2			420	405	390	450	430	420	520	510	490	540	520	500
D	280	265	545	525	520	560	555	540	790	770	750	970	950	930
D_1			440	420	415	475	435	415	560	520	500	520	500	480
∠A			3°15'	3°20'	3°25'	3°12'	3°18'	3°22'	6°10'	6°18'	6°24'		14°	
∠B			98°	97°	97°	100°	98°	97°	106°	105°	104°		129°	
∠C													147°	

图 3-7　各类凳椅的尺度和常用尺寸

通常以前座面座高作为椅子的座高。

　　我们通过对人体坐在不同高度的凳子上腰椎活动度的测定，发现凳高为400mm时，腰椎的活动度最高，即疲劳感最强；其他高度的凳子，腰椎活动度下降，舒适度随之增大。这就意味着，凳子（在没有靠背的情况下）看起来座高适中的(400mm)，腰部活动度最高（如图3-8）。在实际生活中，人们喜欢坐矮板凳从事劳动的道理就在于此，人们在酒吧间坐高凳活动的道理也相同。

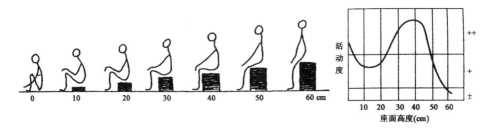

图 3-8　不同座高腰部活动度

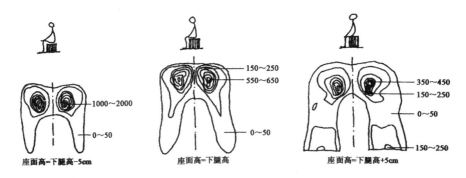

图 3-9　不同高度的座椅面体压分布（单位：g/m²）

　　为了避免大腿下有过高的压力（一般发生在大腿的前部），座位前沿到地面或脚踏的高度不应大于脚底到大腿弯的距离。据研究，合适的座高应等于小腿长加足高加25mm—35mm的鞋跟厚，再减去10mm—20mm的活动余地，即：

椅子座高 = 小腿 + 足高 + 鞋跟厚 − 适当空间

　　座椅面是人体坐姿时承受臀部和大腿的主要承受面，通过测试，坐在不同高度的座椅面上时，体压分布如图3-9所示。座面过高，人的两足不能落地，使大腿前半部近膝窝处软组织受压，久坐会血液循环不畅，肌腱会发胀麻木；如果椅座面过低，则大腿碰不到椅面，体压集中在坐骨节点上，时间久了会产生疼痛感且此时人体形成前屈姿态，从而增大了背部肌肉的活动度，再加上重心过低，使人起立时感到困难。因此，设计时必须寻求合理的坐高与体压分布。根据座椅面体压分布情况来分析，椅座高应略小于坐者小腿窝到地面的垂直距离，小腿有一定的活动余地。但理想的设计与实际使用有一定差异，一张座椅可能为男女高矮不同的人所使用，因此只能取用平均适中的数据来确定较优的合适座高。

座深主要是指座面的前沿至后沿的距离，其对人体坐姿的舒适度影响很大。如座面过深，超过大腿水平长度，人体挨上靠背将有很大的倾斜度，腰部缺乏支撑点而悬空，加剧了腰部的压力，还会使膝窝处产生麻木的反应，如图3-10。

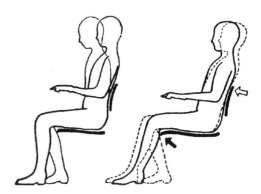

图 3-10　不同座深的座椅腰部受力情况

扶手椅要比无扶手椅的座位宽一些，这是因为如果太窄，在用扶手时两臂必须往里收紧，不能自然放置；如果太宽，双臂就必须往外扩张，同样不能自然放置，时间稍久都会让人感到不适（如图3-11）。对于有扶手的座椅，两扶手之间的距离即为座宽。国家标准 GB/T3326-1997 规定扶手椅内宽 ≥ 460mm，这

图 3-11　座椅扶手间距过窄或过宽示例

样不会妨碍手臂的运动。从人体坐姿及其动作的关系分析，人在休息时，人的坐姿是向后倾靠的，以使腰椎有所承托，因此一般的座面大部分设计为向后倾斜，其人斜角度为3—5度，相对的椅背也向后倾斜。而一般的工作椅则没有向后的倾斜度，因为人体工作时，腰椎及骨盆处于垂直状态，甚至还有前倾的要求，如果使用向后倾斜面的座椅，人体力图保持重心向前反而增加了肌肉和韧带收缩的力度，极易引起疲劳。因此工作椅的座面一般以水平为好，甚至可考虑椅面向前倾斜的设计，如通常使用的绘图凳面便是倾斜的。表3-2为不同凳椅类家具座面的倾角。

表3-2 不同凳椅类家具座面倾角

凳椅类家具种类	座面倾角（度）	凳椅类家具种类	座面倾角（度）
餐椅	0	休息用椅	5~23
工作用椅	0~5	躺椅	≥ 24

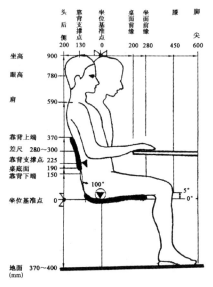

图3-12 作业用椅的基本尺度

前文在凳椅高度测试时曾提到人坐于半高的凳子上（400mm—450mm）时，腰部肌肉的活动强度最大，最易疲劳，而这一座高正是我们在坐具设计中用得最普遍的。因此要改变腰部疲劳的状况，就必须设置靠背来弥补这一缺陷，如图3-12。

椅子靠背的作用就是使躯干得到充分的支承，特别是人体腰椎获得舒适的支承面，因此靠背的形状应基本上与人体坐姿时的脊椎形状相吻。靠背的高度一般上沿不宜高于肩胛骨。对于专供操作的工作用椅，椅靠背要低，一般位置在上腰凹部第二腰椎处。这样人体上肢可以前后左右较自由地活动，同时又便于腰关节的自由转动。下表是日本家具工作者研究的成果，靠背倾角自90至120度范围内变动时，腰椎最佳的支承位置（见表3-3）。

表3-3 靠背最佳支承条件

条件		人体上体角度（度）	上 部		下 部	
			支承点高度（mm）	支承面角度（度）	支承高度（mm）	支承面角度
单支承点	A	90	250	90	—	—
	B	100	310	98	—	—
	C	105	310	104	—	—
	D	110	310	105	—	—

休息椅和部分工作椅需要设有扶手，其作用是减轻两臂的疲劳。扶手的高度应与人体坐骨结节点到上臂自然下垂的肘下端的垂直距离相近。扶手过高时两臂不能自然下垂，过低则不能自然落靠，此两种情况都易引起上臂疲劳。根据人体尺度，扶手表面至座面的垂直距离为 200mm—250mm，同时扶手前端应略为升高，随着座面倾角与靠背斜度的变化，扶手倾斜度一般为 10—20 度，而扶手在水平方向的左右偏角为 ±10 度，一般与座面的形状吻合。

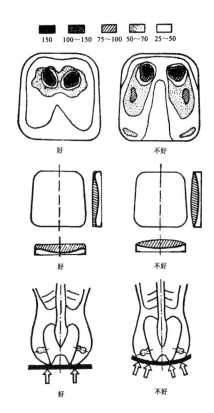

图 3-13 座面形状 与座面承压状态（单位：g/m²）

座面形状一般与人坐姿时大腿及臀部与座面承压时形成的状态吻合。座面形状影响到姿势的体压分布，如图 3-13 所示，两种形状的座面形成不同的体压分布。左图所示的体压分布较为合理，压力集中于坐骨支承点部分，大腿只受轻微的压力；右图尽管座面外形看起来更舒服，但坐上去后，体压分布显得承受面大，而且大腿的软组织部分要承受较大的压力，反而坐感不舒服。

b）卧具的基本尺度与要求

床是供人睡眠休息的主要卧具，也是与人体接触时间最长的家具。床的基本要求是使人躺在上面能舒适地入睡，并且要睡好，以达到消除一天的疲劳、恢复体力和补充工作精力的目的。因此，床的设计必须考虑到床与人体生理机能的关系。

首先需了解卧姿时的人体结构特征。从人体骨骼肌肉的结构来看，人在仰卧时，不同于人体直立时的骨骼肌肉结构。人直立时，背部和臀部凸出于腰椎 40mm—60mm，呈 S 形；而仰卧时，这部分差距减少至 20mm—30mm，腰椎接近于伸直状态。人体起立时各部分重量在重力方向相互叠加，垂直向下；当人平躺下时，人体各部分重量横向平分垂直向下，并且由于各体块的重量不同，其各部位的下沉量也不同。因此床的设计好坏是能否消除人的疲劳的关键，即床的合理尺度及床的软硬度能否支承人体卧姿，使人体处于最佳的休息状态。

与座椅一样，人体在卧姿时的体压情况是决定体感舒适的主要因素之一。图 3-14 所示，上图为人体睡在较硬床面上，人体受压面小，大部分压力落在具备承受压力条件的硬骨节点上，体压分布情况较为合理；下图表示人体睡在过软的床垫上，人体受压面过大，压力分布不合理。

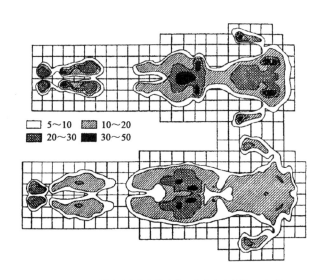

图 3-14　不同硬度床垫上的人体压力分布（单位：g/m²）

为了使体压得到合理分布，设计师必须精心设计好床的软硬度。现代家具中使用的床垫是解决体压分布的较理想的用具。它由不同材料搭配的三层结构组成：上层与人体接触部分采用柔软材料；中层则采用较硬的材料；下层是承受压力的支承部分，用具有弹性的钢丝弹簧构成。这种软中有硬的三层结构做法，有助于人体保持自然良好的仰卧姿态，从而得到充分的休息。

床的宽窄直接影响人睡眠的翻身活动。日本学者做的试验表明，睡窄床比睡阔床的翻身次数少。当床宽为 500mm 时，人睡眠翻身次数会减少 30%，这是由于担心翻身掉下来的心理影响，自然也就不能熟睡。试验表明，床宽自 700mm 至 1300mm 变化时，作为单人床使用，睡眠情况都很好。因此我们可以根据居室的实际情况来进行选择。

床的长度指床头板与床尾或床架内的距离。为了能适应大部分人的身长需要，床的长度应以较高的人体作为标准进行设计。国家标准 GB3328-82 规定，成人用床床面净长一律为 1920mm，对于宾馆的公用床，一般脚部不设床架，便于特高的客人需要，可以加接脚凳。

床高即床面距地高度。一般与座椅的高度取得一致，使床同时具有坐卧功能。另外还要考虑到人的穿衣、穿鞋等动作。一般床高在 400mm 至 500mm 之间。双层床的层间净高必须保证下铺使用者在就寝和起床时有足够的动作空间，但又不能过高，否则会造成上铺的不便。按国家标准 GB3328-82 规定，双层床的底床铺面离地面高度不大于 420mm，层间净高不小于 950mm。

②凭倚类家具

凭倚类家具是人们生活和工作所必需的辅助性家具，如就餐用的餐桌、看书写字用的写字桌、学生上课用的课桌等；另有为站立活动而设置的售货柜台、账台、讲台和各种操作台等。这类家具的基本功能是适应在坐、立状态下，为进行各种活动提供相应的辅助条件，并兼作放置或贮存物品之用。因此，这类家具与人体动作产生直接的尺度关系。

a）坐式用桌的基本尺度与要求

桌子的高度与人体动作时肌体的形状及疲劳有密切的关系。经实验测试，过高的桌子容易造成脊柱的侧弯和眼睛的近视，从而降低工作效率，另外桌子过高还会引起耸肩等；桌子过低也会使人体脊椎弯曲扩大，造成驼背、腹部受压，妨碍呼吸运动和血液循环等，背肌的紧张收缩，也易引起疲劳。因此，正确的桌高应该与椅座高保持一定的尺度配合关系。设计桌高的合理方法是应先有椅座高，然后再加按人体座高比例尺寸确定桌面与椅面的高度差，即：

桌高 = 座高 + 桌椅高差（坐姿时上身高的 1/3）

根据不同的使用情况，椅座面与桌面的高差值可有适当的变化。如在桌面上书写时，高差 =1/3 坐姿上身高减 20mm 至 30mm，学校中的课桌与椅面的高差 =1/3坐姿上身高减 10mm。

桌椅面的高差是根据人体测量而确定的。由于人种高度的不同，该值也就不一，因此欧美等国的标准与我国的标准不同。1979 年国际标准（ISO）规定，桌椅面的高差值为 300mm，而我国确定值为 292mm（按我国男子平均身高计算）。我国国家标准 GB3326-82 规定，桌面高度为 700mm 至 760mm，级差为 20mm，即桌面高可分别为 700mm、720mm、740mm、760mm 等规格。我们在实际应用时，可根据不同的使用特点酌情增减。如设计中餐用桌时，考虑到中餐进餐的方式，餐桌可略高一点；若设计西餐桌，同样考虑西餐的进餐方式，为使用刀叉方便，可将餐桌高度略降低一些。

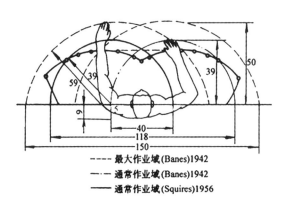

图 3-15　人体桌面工作的手臂活动范围（单位：cm）

桌面的宽度和深度应以人坐姿时手可达的水平工作范围，以及桌面可能置放物品的类型为依据。如图 3-15 所示为人在桌面工作时的手臂活动范围。如果是多功能桌或工作时需配备其他物品、书籍时，还要在桌面上增添附加装置，如阅览桌、课桌类的桌面，最好有约 150 度的倾斜，能使人获得舒适的视域和保持人体正确的姿势，但在倾斜的桌面上除了书籍、薄本外，其他物品就不易陈放。

为保证坐姿时下肢能在桌下舒适地放置与活动，桌面下的净空高度应高于双腿交叉叠起时的膝高，并使膝上部留有一定的活动余地。如有抽屉的桌子，抽屉不能做得太厚，桌面至抽屉底的距离不应超过桌椅高差的 1/2，也就是说桌子抽屉下沿距椅座之间应至少有 178mm 净空，国家标准 GB3326-82 规定，桌下空间净高应大于 580mm，净宽大于 520mm。

b）立式用桌（台）的基本要求与尺度

立式用桌主要指售货柜台、营业柜台、讲台、服务台及各种工作台等。站立时使用的台桌高度，是根据人体站立姿势的屈臂自然垂下的肘高来确定的。按我国人体的平均身高，站立用台桌高度以 910mm 至 965mm 为宜。若需要用力工作的操作台，其桌面可以稍降低 20mm 至 50mm，甚至更低一些，如图 3-16。

立式用桌的尺寸主要由台面的表面尺寸和放置物品状况及室内空间和布置形式而定，没有统一的规定，应视不同的使用功能作专门设计。立式用桌的桌台下部不需留出容膝空间，因此其下部通常可作贮藏柜用，但立式桌台的底部需要设置容足空间，以方便人体紧靠台桌的动作之需。这个容足空间是内凹的，高度为 80mm，深度在 50mm 至 100mm。

③ 贮存类家具

贮存类家具是收藏、整理日常生活中的器物、衣物、消费品、书籍等的家具。根据存放物品的不同，可将其分为柜类和架类两种不同的贮存方式。柜类贮存方式主要有衣柜、壁柜、被褥柜、书柜、床头柜、陈列柜、酒柜等；而架类贮存方式主要有书架、食品架、陈列架、衣帽架等。贮存类家具的功能设计必须考虑人与物两方面的关系：一方面要求贮存空间划分合理，方便人们存取；另一方面要求家具贮存方式合理，贮存数量充足，满足存放条件。

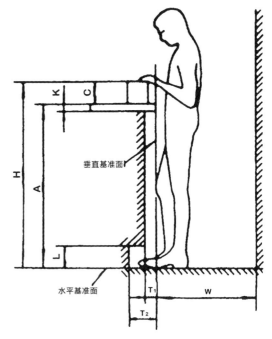

图 3-16　立式用桌（台）的基本尺度

贮存类家具与人体尺度的关系也值得深究。为了确定合理的柜、架、搁板的高度及分配空间，必须首先了解人体所能及的动作范围。根据人体动作行为和使用的舒适性及方便性，可划分为两个区域：第一区域以人肩为轴，确认上肢半径活动的范围，高度在 650mm—1850mm 是存取物品最方便、使用频率最多的区域，也是人的视线最易看到的视域；第二区域为从地面至人站立手臂下垂时指尖以下的垂直距离，即 650mm 以下的区域，该区域存贮不便，人必须蹲下操作，一般存放较重而不常用的物品；若需扩大贮存空间，节约占地面积，则可设置第三区域，即橱柜的上空 1850mm 以上的区域，一般可叠放柜架，存放较轻的过季性物品（如棉被等），如图 3-17。在上述贮存区域内，根据人体动作范围及贮存物品的种类，可以设置搁板、抽屉、挂衣棍等。在设置搁板时，搁板的深度和间距除考虑物品存放方式及尺寸外，还需考虑人的视线，搁板间距越大，人的视域越好，但空间浪费较多，所以设计时要统筹安排。

贮存类家具的设计除了要考虑其与人体尺度的关系外，还必须研究存放物品的

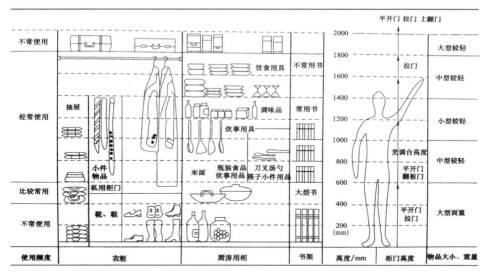

图 3-17 常见柜类内部空间划分

类别与方式，这对确定贮存类家具的尺寸和形式起重要作用。

一个家庭中的生活用品是极其丰富的，从衣服鞋帽到床上用品，从主副食品到烹饪器具、各类器皿，从书报期刊到文化娱乐用品，以及其他日杂用品，这么多的生活用品，尺寸不一、形体各异，要力求做到有条不紊，分门别类地存放，促成生活安排的条理化，从而达到优化室内环境的作用。

针对这么多的物品种类和不同尺寸，贮存类家具不可能制作得如此多样甚至琐碎，只能分门别类地确定合理的设计尺度范围。我国国家标准 GB3327-82（见表 3-4）对柜类家具的某些尺寸作如下限定：

表 3-4　国家标准对柜类家具尺寸的限制

类别	限定内容	尺寸范围（mm）	级差（mm）
衣柜	宽	>500	50
	挂衣棒下沿至底板表面的距离	>850（挂短衣） >1350（挂长衣） >450（叠衣）	
	顶层抽屉上沿至地面距离	<1250	
	底层抽屉下沿离地面距离	>60	
	抽屉深	400—500	

（续表）

类别	限定内容	尺寸范围（mm）	级差（mm）
书柜	宽	750—900	50
	深	300—400	10
	高	1200—1800	50
	层高	>220	—
文件柜	宽	900—1050	50
	深	400—450	10
	高	1800	—

4. 造型设计

家具造型设计，是家具产品研究与开发、设计与制造的首要环节。家具设计主要包含两方面的内涵：一是外观造型设计，二是生产工艺设计。现代家具是科学性与艺术性的完美统一，物质与精神的辩证统一。家具设计尤其是造型设计，更多地从属于艺术设计的范畴，所以我们必须学习和运用艺术设计的一些基本原理和形式美规律，去大胆创新、探索和想象，设计创造出新的家具造型，从而引领家具消费时尚，开拓新的家具市场，为人们创造更加美好、更高品质的生活。

（1）家具造型设计的基本概念

家具造型设计是对家具的外观形态、材质肌理、色彩装饰、空间形体等造型要素进行综合、分析与研究，并创造性地设计出新、美、奇而又结构功能合理的家具形象。

现代家具是一种具有物质实用功能与精神审美功能的工业产品，更重要的是，家具又是一种通过市场进行流通的商品，家具的实用功能与外观造型直接影响到人们的购买行为。外观造型式样能最直接地传递美的信息，通过视觉、触觉、嗅觉等知觉要素，激发人们的愉快情感，使人们在使用中获取美的感受与舒适的享受。

造型设计在现代市场竞争中成为家具最为重要的因素之一，一件好家具，应该是在造型设计的统领下，将使用功能、材料与结构完美统一的结果。要设计出完美的家具造型形象，需要我们了解和掌握一些造型的基本要素与构成方法，包括点、线、面、体、色彩、材质、肌理与装饰等基本要素，以及一定的形式美法则。

概念形态是家具设计师进行设计思维和图形设计的基本语言，概念形态的系列构成同几何学一样，以点、线、面、体作为基本形式，其几何定义见表3-5：

表 3-5　家具概念形态的几何意义

动 的 （积极的定义）	点	线	面	体
	只有位置无大小	点移动的轨迹	线移动的轨迹	面移动的轨迹
静 的 （消极的定义）	点	线	面	体
	线的界限或交叉	面的界限或交叉	体的界限	体所占的空间

从基本的形态出发去塑造多变的形态，是形态设计的精髓。开拓家具形态，是在家具形象的设计中以多视觉、多视点创造的形态观进行多重塑造。概念形态是现实形状舍去种种属性之后剩下的基本构成元素，所以研究概念形态的基本要素，并在家具造型设计中充分运用它们是非常必要的。

家具造型是在特定使用功能要求下，一种自由而富于变化的创造性造物手法，它没有一种固定的模式来包括各种可能的途径。但是根据家具的风格演变与时代的流行趋势，现代家具以简练的抽象造型为主流，具象造型多用于陈设性观赏家具或家具的装饰构件。为了便于学习与把握家具造型设计，根据现代美学原理及传统家具风格，可把家具造型分为抽象理性造型、有机感性造型、传统古典造型三大类。

①抽象理性造型是以现代美学为出发点，采用纯粹抽象几何形为主的家具造型构成手法。抽象理性造型手法具有简练的风格、明晰的条理、严谨的秩序和优美的比例，在结构上呈现数理的模块、部件的组合。从时代特点来看，抽象理性造型手法是现代家具的主流，它不仅利于大工业标准化批量生产，具有经济效益和实用价值，在视觉美感上也表现出理性的现代精神。抽象理性造型是从包豪斯之后开始流行的国际主义风格，并发展到今天的现代家具造型手法。

②有机感性造型是以具有优美曲线的生物形态为依据，采用自由而感性的三维形体作为家具造型的设计手法。其造型的创意构思从优美的生物形态风格和现代雕塑形式汲取灵感，结合壳体结构和塑料、橡胶、热压胶板等新兴材料应运而生。有机感性造型涵盖非常广泛的领域，它突破了自由曲线或直线所组成的形体的狭窄单调的范围，运用现代造型手法和创造工艺，满足功能，达到独特、生动、趣味的效果。

③传统古典造型也依旧常见于人们的工作、生活，中外历代传统家具的优秀造型手法和流行风格是全世界各国家具设计的源泉。"古为今用，洋为中用"，通过研究、欣赏、借鉴中外历代优秀古典家具，可以清晰地了解家具造型在历史中发展

演变的文脉，从中得到新的启迪，为今天的家具造型设计所用（如图3-18）。

从前只有皇宫贵族才能享用的古典高档豪华家具，现在用现代计算机仿真制造技术可以大批量复制生产，从而满足一部分喜爱古典、豪华、高档家具顾客的需要。

图3-18　现代中式沙发

（2）形态要素及其表现力

①点

在几何学上的点是只有位置而无大小可言的，但在视觉艺术中，点是可以看得见的，并有一定的形（二维）或形体（三维）。视觉艺术中，点是相对而言的，当你把一物看作点时，如与其他物体相比，也许此点就变成面或体了。如可以把大海中的一条船看作点，当人在船上时，则可以把船上的灯看作点，如此等等。

点在空间起标明位置的作用，能吸引人的视线。一个点表现出静止安定的特质，但受形状、色彩、光泽、面积、材质、背景等影响，其表现力会有某些差异。两点之间产生相互的吸引力，有线的感觉，故也可看作消极的线（和可见的线相对而言）。大小相等的两点相互作用相等，表现为静止；大小不等的点，将产生不同程度的动力感和空间感，表现为小点向大点靠拢，有近大远小的视觉效果。多点会有面的感觉，形成消极的面（和可见的、积极的面相对而言）。大小不同的一群点聚集在一起时会产生动的感觉，反之，相同大小的点聚在一起时则有静止的感觉。在家具造型设计中，点有大小、方向，甚至体积、色彩和肌理质感的，在视觉上产生亮点、焦点、中心的效果。

关于点的基本构成，在艺术设计专业基础课的平面构成中基本都已讲过，这里着重对家具造型中点的应用加以论述。在家具造型中点的应用非常广泛，它不仅是功能结构的需要，而且也是装饰构成的一部分，可以借助于点的各种表现特征加以适当地运用，能取得很好的效果。现代家具设计大师乔治·尼尔森（George Nelson）于1956年设计的棉花糖沙发（Cotton Candy Sofa），便是对点元素的巧妙运用。

②线

在几何学中，线的概念是点移动的轨迹，有长度和位置，而没有厚度和宽度。在视觉艺术中，线是可直接感知的。

线在空间中起贯穿的作用。面的转折和界限都有线的感觉，形成消极的线。线的移动可构成面。和面、体相比较，线表现出更为轻巧的特性。线的表现力也受到形状、色彩、光泽、材质等影响，以及线本身所特有的长、短、粗、细的影响。一般情况下，宽度比长度小的才能称为线。

线是点运动所产生的，点运动的速度、强弱和方向也影响着线的形态：方向不变的线为直线，方向发生变化则成曲线或更为复杂的复合线，其表现出来的性格迥然不同。

线的表现特征主要随线型的长度、粗细、状态和运动而有所不同，从而在人们的视觉心理上产生不同的感觉，并赋予其个性。各种线型所表现的情感如下。

直线的表情：一般使人感到严格、坚硬、明快和男性化。粗直线有厚重、强壮之力度，细直线则有锐敏感。

垂直线——具有上升、严肃、高耸、端正及支持感，在家具设计中着力强调的垂直线条，能产生进取、庄重和超越感。

水平线——具有左右扩展、开阔、平静和安定感。因此可以说水平线为一切造型的基础线，在家具造型中常利用水平线划分立面，并强调家具与大地之间的关系。

斜线——具有散射、突破、活动、变化及不安定感。在家具设计中应合理使用，起静中有动、变化而又统一的效果。

曲线的表情：曲线由于其长度、粗细、形态的不同而给人不同的感觉。通常来说，曲线具有优雅、愉悦、柔和而富有变化的感觉，象征女性丰满、圆润的特点，也象征着自然界的春风、流水、彩云，如图 3-19。

图 3-19 家具造型中的曲线美

在家具风格的演变过程中，洛可可风格、索内特的曲木椅、阿尔托的热弯胶椅、沙里宁的有机家具等，都是曲线美造型在家具中的成功应用典范。

几何曲线——有理智的明快感。

抛物线——有流动的速度感。

双曲线——富有对称美和双向流动感。

图 3-20　鹦鹉螺家具

螺旋曲线——有等差和等比两种，是最富于美感和趣味的曲线，并具有渐变的韵律感。大自然中最美的天工造化之物鹦鹉螺（如图 3-20）就是由渐变的螺旋曲线与涡形曲线结合而成的。

自由曲线——有奔放、自由、丰富、华丽之感。

③面

点的扩大与线的移动轨迹均可成为面。面在二维的图形上表现为形状，此时的表现力也受材质、色彩、形状、面积、光泽等因素的影响。面在三维中即为由实际材料构成的板材，其表现力除了受上述因素影响外，还受厚薄的影响。

面的表情： 平面有平整、光挺、简洁、秩序的美感；曲面有柔软、温和、富有弹性感和动感的美感。软体家具、壳体家具多用曲面。

直线型曲面——带有直线的曲面，或是由直线沿弧形移动而成，例如弯曲的板材。

几何曲面——整齐、理智。

自由曲面——奔放、丰富。

等边三角形具有安定和坚决的感觉，当底边在上则显得十分不稳定。正方形有端庄严肃之感，转成菱形则有轻快感。圆形多表现单纯、圆满、丰满等，并且人类在生活中对"圆"怀有特殊的好感，人们常用"大团圆""圆满解决""破镜重圆""花好月圆""圆润"等词形容美好的事物。图 3-21 所示为家具中的面的应用。

④体

体是面移动的轨迹。如方形水平移动为正方体，回转则成圆柱体。在二维图

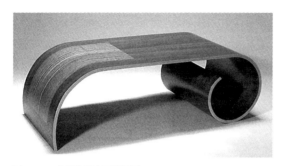

图 3-21　家具造型中面的运用

形中表现体，其实是利用透视给人造成"立体感"而已，并非真正的立体。因而在二维中表现立体，仅仅是表现这个立体在某特定角度下的一个形状而已。

在三维中表现的立体，是实在的体。它会因人的视角不同而有不同的感觉，同时必须依据一定的材料、结构而制成。实际的产品形态，受材料、结构、工艺和功能等条件制约。所以，设计师必须在充分理解这些条件的基础上，才能去创造形态。

体具有占据空间的作用，面即体的界限。体有实心体与空心体两种，实心体是内实的块体，空心体则是被面包围构成的体。由面包围成闭锁性的空心体，其外观与实心体别无两样，但在构思时，可由面的拼接法或切割法考虑，如各种包装盒等。还有非闭锁性的由面围成的体，即有一面与外界相通的体，如汽车、建筑、水杯等。

体可分为几何形体、自由形体和有机形体三类。就形态创造的基础而言，几何形体中的正方体、球体、圆柱体、圆锥体、方锥体和方柱体是有代表性的六大基本形体。其中常用到的是圆柱体和方柱体，这些都是有规则的形体，还有有机形体与自由形体、异形体和复合体等。

在家具造型设计中，正方体和长方体是用得最广的形态，如桌、椅、凳、柜的局部等。在家具形体造型中有实体和虚体之分，实体和虚体给人心理上的感受是不同的。虚体（由面状所围合的虚空间）使人感到通透、轻快、空灵而具透明感，而实体（由体块直接构成的实空间）给人以厚重、稳固、封闭、围合性强的感受。在家具设计中要充分注意体块的虚、实处理给造型设计带来的丰富变化。同时，在家具造型中多为各种不同形状的体组合构成的复合型体，凹凸、虚实、光影、开合等手法的综合应用犹如画家手中的七彩一样，可以搭配出千变万化的家具造型。在设计中掌握和运用立体形态的基本要素，同时结合不同的材质肌理、色彩等，以确定表现家具造型是非常重要的设计基本功。

⑤色彩

色彩是门比较复杂的科学。根据科学家的研究，色彩给人的心理感觉比形态更为强烈。此处只介绍色彩的表现力。

色彩的表现力是极丰富的，人类生活在色彩的世界中，对各种色彩都有一定的生活体验。各种不同的色彩，往往给人不同的感受。

红色：给人的感受是强烈的，使人兴奋。可表现喜悦（中国民间喜事常用红色），代表热情、温暖、活跃、前进。

黄色：最明亮的色彩，有阳光感。可表现理智、信任、发展、希望和至高无上（如我国古代皇帝的专用色）。

蓝色：给人冷漠无情的感受，比较内向。可表现沉着、静止、后退、消极。

绿色：人们在自然界中看到最多的色彩，差不多绝大部分植物都是绿色的，因此绿色是人们所喜爱而易于接受的色彩。可表现和平、生长、健康。

紫色：自然界极少见到的色彩，因而有高贵感。可表现优雅、神秘、阴沉。

茶褐色：自然界植物枯死后的色彩，因此给人消沉感。可表现消沉、烦闷、悲哀、肃穆。

黑色：如在生活中无阳光、无灯光，一片黑暗，仿佛一切活动都处于停止状态。可表现死亡、无望、停止、恐怖、寂静。

白色：人们所喜爱的色彩，可表现单纯、清洁、明朗。

灰色：由黑色和白色调合成，可表现中和、柔弱、寂寞。

以上各种色彩如带有一定的倾向性，则其表现力也随之改变。如红色中的黄光红，有更强的温暖感和活跃感；而蓝光红则相对显得较冷和沉着。黄色中带红光则似黄金，有高贵感；黄色中带蓝光则有绿味，轻快明亮而有冷感。各色彩还随其明度和纯度的变化而影响其表现力，面积的不同其表现力也有很大差别。如小面积的红色表现热情，而大面积的红色则令人感到恐怖。

更重要的是，色彩总是在一定的色彩关系中（和其他色彩对比）而存在，因此周围的色彩（尤其是背景色）也影响着色彩的表现力。

（3）形式美法则

在现代社会中，家具已经成为艺术与技术结合的产物，家具与纯造型艺术的界线正在模糊，建筑、绘画、雕塑、室内设计和家具设计等艺术与设计的各个领域在美感的追求和美的物化等方面并无太多显著的不同，而且在形式美的构成要素上有着一系列通用的法则——这是人类在长期的生产与艺术实践中，从自然美和艺术美概括提炼出来的适用于所有艺术的创作手法。要设计创造出一件美的家具，就必须掌握艺术的形式美法则，并且家具造型的形式美法则历经沉淀，由无数前人在长期的设计实践中总结而来，并在家具造型的美感中起着主导作用。如前书所述，家具造型的形式美法则与其他造型艺术一样，具有民族性、地域性、社会性，同时又有鲜明的个性特点，且受到功能、材料、结构、工艺等因素的制约。每个设计师都要按照自己的体验与感受，去灵活、创造性地应用。

按照美学原则进行家具造型设计，一定要结合产品自身的功能特点，将各种造型因素有机、自然地结合起来，求得完美统一的艺术形象。因此，要理解和掌握美学原则，在家具造型设计的过程中，运用美学原则对造型方案进行反复比较、推敲，去粗取精，不断完善造型方案。

家具造型设计中常用的形式美法则有以下几条：

①统一与变化

统一与变化是适用于各种艺术创作的一个普遍法则，同时也是自然界客观存在的一个普遍规律。在自然界中，一切事物都有统一与变化的规律，如宇宙中的星系与轨道，树的枝干与果叶，一切都是条理分明、井然有序的。自然界中统一与变化的本质反映在人的大脑中，就会形成美的观念，并支配着人类的一切造物活动。

统一与变化是矛盾的两个方面，它们既相互排斥又相互依存。统一在家具设计中是整体和谐、有条理，形成主要基调与风格；变化是在整体造型元素中寻找差异，使家具更加生动、鲜明，富有趣味性。统一是前提，变化是在统一中求变化。

统一在家具造型设计中，主要运用协调、主从、呼应等手法来达到其效果。协调包括：线的协调——运用家具造型的线条，如以直线、曲线为主达到造型线的协调。形的协调——构成家具的各部件外形相似或相同。色彩的协调——色彩的色相、纯度、明度的相似。除此之外，还有材质肌理的相互协调等。主从指运用家具中次要部位对主要部位的从属，来烘托主要部分、突出主体，从而形成统一感。家具中的呼应关系主要体现在线条、构件和细部装饰上。在必要和可能的条件下，可运用相同或相似的线条、使构件在造型中反复出现，以取得整体的联系和呼应。

变化是在不破坏统一的基础上，强调家具造型中的部分差异，求得造型的丰富多变。一个好的家具造型设计，处处都会体现造型上的对比与和谐。在具体设计中，许多要素是组合在一起综合应用的，以期取得完美的造型效果。

②对称与平衡

对称与平衡是自然现象的美学原则，人体、动物、植物形态，都呈现这一原则。家具的造型也必须遵循这一原则，以适应人们视觉心理的需求。对称与平衡的形式美法则是动力与重力两矛盾的统一所产生的形态关系。对称与平衡的形式美，通常是以等形等量或等量不等形的状态，依中轴或依支点出现。对称具有端庄、严肃、稳定、统一的效果；平衡具有生动、活泼、变化的效果。

早在人类文化发展的初期，人类在造物的过程中，就具有对称的概念，并按照对称的法则创造了许多建筑、家具、工具等。先民们在造物过程中对对称的应用，不仅出于实用功能，也是人类对美的需求。

在家具造型中，最常见的设计手法就是以对称的形式安排形体。对称的形式很多，在家具造型中常用的有以下几类：

镜面——最简单的对称形式，是基于图形两半相互反照的对称，是同形、同量、同色的绝对对称。

相对对称——对称轴线的两侧物体外形、尺寸基本对称，但内部分割、色彩、材质、肌理有所不同。相对对称有时没有明显的对称轴线。

轴对称——围绕相应的对称轴用旋转图形的方法取得。它可以是以多条中轴线作多面均齐式对称，在活动转轴家具中多用这种方法。

③比例与尺度

比例与尺度是与数学相关的，构成物体完美和谐的、具有数理美感的规律。所有造型艺术都有二维或三维的比例与尺度的度量，按度量的大小，构成物体的大小和美与不美的形状。我们将家具各方向度量之间的关系，以及家具的局部与整体之间形式美的关系称之为比例；在家具造型设计时，家具与人体、家具与建筑空间、家具整体与部件、家具部件与部件等所形成的特定的尺寸关系称之为尺度。所以，良好的比例与合适的尺度是家具形式中完美和谐的基本条件。

家具造型的比例包含两方面的内容：一是家具与家具之间的比例，需要注意建筑空间中家具的整体比例，如长、宽、高之间的尺寸关系，体现出整体协调、高低参差、错落有序的视觉效果；二是家具整体与局部、局部与部件的比例，需要注意家具本身的比例关系和彼此之间的尺寸关系。比例匀称的造型，能产生优美的视觉效果，并与功能统一，这是家具形式美的关键因素之一。

尺度是指尺寸与度量的关系，与比例密不可分。在造型设计中，单纯的形式本身不存在尺度，整体的结构与纯几何形状也不能体现尺度，只有在导入某种尺度单位或在与其他因素发生关系的情况下，才能产生尺度的感觉。如画一长方形，它本身没有尺度感，但在此长方形中加上某种关系，或是人们所熟悉的带有尺寸概念的物体，该长方形的尺度感就会产生。如在长方形上加一玻璃门，加上门把手，就形成一扇门，或者将长方形分割成一橱柜，该长方形的尺度感就会被人感知到。

因此家具的尺度概念必须引入可比较的度量单位，或者与所陈设的空间和其他物体发生关系时才能明确。最好的度量单位是人体尺度，因为家具是以人为本、为人所用的。

除了人体尺度外，建筑环境与家具的关系也是家具尺度感的参与因素之一，要从整体上全面认识和分析人与家具、家具与建筑、家具与环境之间的整体和谐的比例关系。在造型设计中，创造性地、辩证地解决好比例与尺度的关系，要既满足功能的要求，又符合美学法则，有所突破。

④节奏与韵律

节奏与韵律也是自然现象和美的规律，如鹦鹉螺的渐变旋涡形，松子球的层层变化，鲜花的花瓣，树木的年轮，芭蕉叶的叶脉，水波的荡漾等，都蕴藏着节奏与韵律之美。法国著名美学家德卢西奥－迈耶（Delusio Meyer）在他所著的《视觉美学》一书中说道："艺术中节奏是一些形式因素的组合，例如，建筑、绘画、雕塑、工业设计中，便是基本单元的排列。节奏也可以是一种材料的积聚和复合使用，以产生某种不完全是装饰性的有节奏的运动。"节奏与韵律，是人们在艺术创作实践中广泛应用的形式美法则。

节奏美是条理性、重复性、连续性的艺术形式再现；韵律美则是一种含起伏、渐变、交错的，有变化、有组织的节奏。它们之间的关系是：节奏是韵律的条件，韵律是节奏的深化。

5. 结构设计

（1）概念

家具结构如人体的骨骼系统，家具结构用以支撑外力和自重，并将荷重自上而下传到结构支点而至地面。家具结构设计包括材料选择、零部件组成与位置关系、零部件本身与相互之间的连接方法等内容；包括家具零部件的结构以及整体的装配结构。家具结构设计的任务是研究家具材料的选择、零部件自身及其相互间的接合方法，以及家具局部与整体构造的相互关系。

家具结构与材料、工艺、外观是家具构成的四要素。不同材性要求与之相适应的结构，其直接影响着家具的强度和外观。同时，结构也将直接影响制作的难易程度和生产的成本。合理的家具结构可以增加制品的强度而结实耐用，同时能节约原材料、提高工艺性，从而加强家具造型的艺术性。

（2）家具零部件

零件是家具最基本的组成部分，是经过加工后没有组装成部件或制品的最小家具单元。

部件是由若干零件构成的，用于通过安装而直接形成制品的独立装配件，如门、抽屉。

（3）接合方法

木家具都是由若干零部件按照一定的接合方式装配而成的，常用的接合方式有榫接合、胶接合、木螺钉接合、钉接合和连接件接合等。采用的接合方式是否恰当对木家具的美观、强度和加工过程都有直接影响。

连接件接合是拆装式家具的主要接合方法，可以简化产品结构和生产过程，有利于产品的标准化和部件的通用化，方便工业化生产，同时也给产品包装、运输和贮存带来了方便。

（4）框式结构与板式结构

框式结构以实木为基材，主要部件为立柱和横撑组成的框架或木框嵌板结构，嵌板主要起分隔作用而不承重，采用榫卯接合。

板式结构以人造板为基材，由板状部件荷重，采用插入榫与现代家具五金连接。

（5）我国现代家具结构的发展过程

我国现代家具结构经历了从框式结构到框式结构和板式结构并存的过程。框式结构使用的板材主要是双包镶（木框双包三合板），采用榫卯接合、钉接合的方式进行固定连接；板式结构使用的板材主要有刨花板、中纤板等，接合方式为连接件结合和钉接合，属于可拆装结构。

6. 营销服务

每一项新产品开发设计完成后，都需要尽快推向市场，以保证新产品获得广泛的社会认可，从而占领市场份额，扩大销售。应制订完备的产品营销策划方案，新产品营销策划是现代市场经济中产品开发设计的重要环节。

（1）市场营销策划的构成要素

新产品向商品的转变，必须基于市场经济规律建立起一整套的营销策划。

①确立目标市场，制定营销计划

市场的区域：当地市场、区域市场、全国市场、国际市场。

市场促销计划：新产品发布会、家具博览会、专卖店、家具商场、超级市场、百货公司。

价格与利润：考虑新产品定价与经销商的利润分配，研究合理的价格政策。

②新产品广告与包装策划设计

新产品广告与包装策划设计主要包含新产品品牌定位、新产品广告策划和包装设计、新产品市场推广和实施三个方面。新产品品牌定位包括产品的命名、品牌与商标设计、相关设计专利申请等；新产品广告策划和包装设计主要包括产品的包装、画册设计，广告的策划、主题表现、代理商的选择和预算进度表等；新产品市场推广和实施主要有展示设计、商店布置、陈列设计和 POP 广告设计等。

③新产品的销售服务

新产品的销售服务主要有售前服务、售中服务、售后服务、配送服务、投诉处理等。在对消费者的分类研究中，可以按照消费者所在城市的大小、收入的高低等因素，对消费者进行目标定位的消费群分析。

新产品的价值实现，单靠自身的设计不行，仅仅靠一个好的营销策划也不够，还必须在实际运作中不断跟进，不断完善，及时发现问题，及时准确地采取对策和措施，从而保证新产品的开发设计能创造出更高的社会效益和经济价值。

（2）家具新产品营销策划实例（联邦家具 2000 系列新产品 [图 3-22] 营销策划）

20 世纪 80 年代末，中国广东省佛山市南海区的六个年轻人集资几千元，在 100平方米的作坊里开始了创业历程。1988 年，联邦人凭借前所未有的文化创意，大胆设计并推出简约质朴而又清新自然的原木沙发"联邦椅"，其以优美的造型与精细的工艺横空出世，风靡了整个中国。1992 年，联邦家具公司又与广东家具协会共同主办了首次"联邦杯"中国家具设计大赛，开创了中国现代家具设计的先河，并初步奠定了联邦家具在中国家具行业的品牌地位。

在 2000 年新世纪来临之际，联邦人又在中国家具业做出了一个开发设计与营销方面的新突破，整体设计并推出了 2000 系列新品家具，从单一产品走向系列品牌，形成了一整套真正以市场为导向、以品牌为形象、以设计开发为龙头、以营销策划为配套的系列化家具设计开发，并从单

图 3-22　联邦家具 2000 系列产品

纯的家具产品造型设计转向现代生活形态的设计，从简单的家具制造与经营跨向一个全新的家居文化理念。

联邦家具 2000 系列的开发设计，首先由联邦市场策划部在对全国家具市场进行全面调研后提出设计定位策划，然后由联邦家具设计部的设计师们奋战，从设计概念到设计图纸，从成套样品到市场推出，取得了超出预想的成功，成为世纪之交中国现代家具开发设计的经典案例。通过对联邦家具 2000 系列的实际考察，可发现其成功在于如下四点。

①市场导向，整体设计

联邦家具 2000 系列的前期市场调研是由联邦家具市场策划部的专业人员全面调研后，以市场为导向制定设计战略提供给设计部门，设计定位准确。

联邦家具 2000 系列以品牌为基础，进行整体、多元化系列设计和产品开发，跳出了低层次的、单一的家具造型设计，走向新世纪高层次的家居生活形态设计。

②中西互融，崇尚简约

联邦家具 2000 系列一共有 7 大系列，其设计以国际流行的简约风格为主调，汲取了中国家具的顶峰——明式家具的设计元素为灵感，做到了中西互融。以不同系列的家具来表达多元化的现代生活。

③整体品牌，差异表现，走文化品牌扩张之路

联邦家具 2000 系列在品牌的统一基础上分为 7 大系列，每个系列分别有个性鲜明的名字。如理想主义的"香格里拉"系列，汲取明式家具精华的"明"家具系列，具有 50 年代风情的"纯真年代"系列，欧洲格调的"阿尔卑斯"系列，工业时代的"艾菲尔"系列，新新人类的"VOICE"系列，温馨浪漫的"红豆"系列。差异化的表现，为联邦家具品牌锦上添花，形成了各具文化内涵的家具新产品，提升了品牌附加值。

④整体营销策划，推出联邦家居广场

此案例中超前的整体营销策划，预示着新的家具业形态的诞生——从单一的家具经营，走向全新的整体家居文化经营。全新消费模式从家居设计开始，到家具选配、陈设、饰品与日用品搭配，一站式服务帮助人们实现心中的美好家居梦想。

通过对联邦家具 2000 系列的案例分析，我们可以看到，家具开发设计是无止境的。随着新世纪的到来，现代科学技术的发展呈现出两个影响产品设计和设计思维的重要趋势，即分支化和一体化，人们观察问题的眼光由"实物中心"逐步转向"系统中心"，产品开发设计不再仅仅针对产品实体本身，而是看准一个系统，来全面认识。从产品决策、开发设计方案、生产制造方式，到企业组织、营销管理都在发生巨大的变化。产品从设计到生产，从商品到消费，整个过程都从属于更大的社会生态系统。

课后讨论

1. 简述家具造型设计有哪些原则。

2. 简述家具设计的主要程序。

第四章 | Chapter 4
家具的结构设计

第一节　框式家具

　　框式家具以榫接合为主要连接方式，这种结构主要应用在木制家具中。框架结构的家具通过榫接合构成承重框架，板件围合附设于框架之上，传递荷载清晰合理（图4-1）。框式家具一般一次性装配完成而不便于拆装，中国的传统木制家具大多采用这种结构。

图 4-1　框架结构的家具

1. 榫接合的分类与应用

从接合的方式来看，榫接合有如下分类，如直角榫、燕尾榫、圆（棒）榫、椭圆榫（图4-2）。

按榫头的形状不同，可将榫分为直角榫、燕尾榫、圆（棒）榫、椭圆榫。

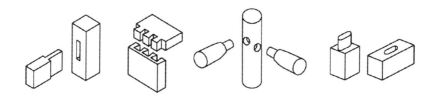

图4-2　从左至右，依次为直角榫、燕尾榫、圆（棒）榫、椭圆榫

图4-3　单榫、双榫和多榫

以榫头的数目来分，有单榫、双榫和多榫等接合方式，如图4-3。一般框架的方材接合多采用单榫和双榫，如桌、椅、沙发框架的零件间接合。箱框的板材接合则采用多榫接合，如衣箱与抽屉的角接合等。

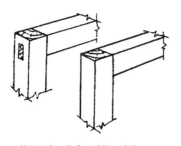

图4-4　从左至右，依次为明榫、暗榫

以榫头的贯通或不贯通来分，榫接合有明榫与暗榫之分，如图4-4。暗榫可使家具表面不外露榫头以增强美观，明榫则因榫头暴露于外表而影响装饰质量。但明榫的强度比暗榫大，所以受力大的结构和非透明装饰的制品，如沙发框架、床架、工作台等较多使用明榫接合，而双面切肩榫最为常用，用途最为广泛。

以榫肩的切割形式分，榫头有单面切肩榫、双面切肩榫、三面切肩榫与四面切肩榫之分。一般单面切肩榫用于方材厚度尺寸小的场合，三面切肩榫常用于闭口榫接合，四面切肩榫用于木框中横档带有槽口的端部榫接合，而双面切肩榫最为常用，用途最为广泛。

以榫头侧面能否看到榫头来分，有开口榫、闭口榫与半闭口榫之分，如图 4-5。直角开口榫的优点是榫槽加工简单，但由于榫端和榫头的侧面显露在外表面，因而影响制品的美观。

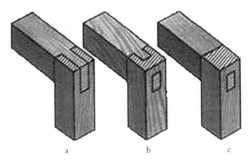

图 4-5　a 为开口榫、b 为半开口榫、c 为闭口榫

整体榫是榫头直接在方材上开出的，而插入榫与方材不是一个整体，它在单独加工后再装入零件预制孔或槽中，如图 4-6 的圆榫。插入榫主要是为了提高接合强度和防止零件扭动，用于零件的定位与接合。采用圆榫接合时需有两个以上的榫头。

相对于整体榫而言，插入榫可大大节约木材，因为配料时省去了榫头部分的尺寸，据统计可节约木材 5% ~ 6%。此外，还可简化工艺过程，大幅度提高生产率，因繁重的打眼工作可改用多轴钻床来一次完成定位和打眼的操作，而圆榫本身可在专用的机器上制造。

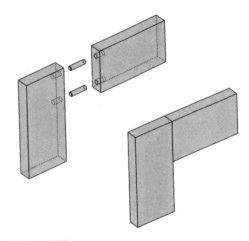

图 4-6　圆榫

要提高胶接强度，圆榫表面和榫孔内表面必须紧密接触并使胶液均匀分布。由于圆榫表面压有沟纹，在圆榫插入榫孔时能使胶液保持在圆榫表面而不被压入底部。当胶液中的水分被圆榫吸收后，压缩沟纹会润胀起来而使圆榫与榫孔获得紧密配合。螺旋状压缩纹强度大于其他类型的圆榫，原因是螺旋纹如木螺丝一样，需边拧边回转才能慢慢退出。符合技术要求的 10mm 圆榫，其单枚抗拉强度可达 13MPa。网纹状压缩纹的圆榫受力时木纹较易断裂；直线压缩纹的圆榫抗拉力略低于螺旋纹圆榫且不易加工；圆柱状圆榫的直径大于榫孔时会使胶液挤到底部和孔外，因而会降低强度，若间隙配合则强度更低，不过可作定位用。后两种榫由于加工复杂，且纤维被切断会影响强度，所以不常用。图 4-7 罗列出了各种榫接合的方式。

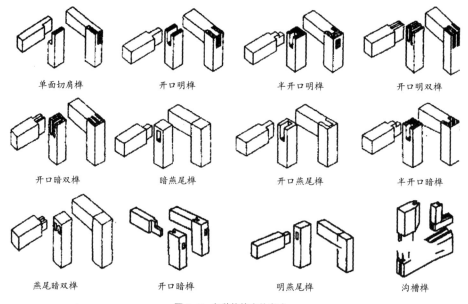

单面切肩榫　　　开口明榫　　　半开口明榫　　　开口明双榫

开口暗双榫　　　暗燕尾榫　　　开口燕尾榫　　　半开口暗榫

燕尾暗双榫　　　开口暗榫　　　明燕尾榫　　　沟槽榫

图 4-7　各种榫接合的方式

2. 榫接合的技术要求

家具制品被破坏时，破口常出现在接合部位，因此在设计家具产品时，一定要考虑榫接合的技术要求，以保证其应有的接合强度。

（1）直角榫

①榫头的厚度

榫头的厚度视零件的断面尺寸的接合要求而定，单榫的厚度接近于方材厚度或宽度的 40%—50%，双榫的总厚度也接近此数值。为使榫头易于插入榫眼，常将榫端倒楞，两边或四边削成 30° 的斜棱。当零件的断面超过 40mm×40mm 时，应采用双榫。

榫接合采用基孔制，因此在确定榫头的厚度时应将其计算值调整到与方形套钻相符合的尺寸，常用的厚度有 6mm、8mm、9.5mm、12mm、13mm、15mm 等几种规格。

当榫头的厚度等于榫眼的宽度或小于 0.1mm—0.2mm 时，榫接合的抗拉强度最大。当榫头的厚度大于榫眼的宽度，接合时胶液被挤出，接合处不能形成胶缝，则强度反而会下降，且在装配时容易产生劈裂。

②榫头的宽度

榫头的宽度视工件的大小和接合部位而定。一般来说，榫头的宽度比榫眼长度多 0.5mm—1.0mm 时接合强度最大，硬材取 0.5mm，软材取 1mm。当榫头的宽度大于 25mm 时，宽度的增大对抗拉强度的提高并不明显，所以当榫头的宽度超过 60mm 时，应从中间锯切一部分，分成两个榫头，以提高接合强度。

③榫头的长度

榫头的长度根据榫接合的形式而定。采用明榫接合时，榫头的长度等于榫眼零件的宽度（或厚度）；当采用暗榫接合时，榫头的长度不小于榫眼零件宽度（或厚度）的 1/2，一般控制在 15mm—30mm 时可获得理想的接合强度。榫眼的深度应大于榫头长度 2mm，这样可避免由于榫头端部加工不精确或涂胶过多而顶住榫眼底部，形成榫肩与方材间的缝隙；同时又可以贮存少量胶液，增加胶合强度。

④榫头、榫眼的加工角度

榫头与榫肩应垂直，也可略小，但不可大于 90 度，否则会导致接缝不严。暗榫孔底可略小于孔上部尺寸 1mm—2mm，不可大于上部尺寸；明榫的榫眼中部可略小于加工尺寸 1mm—2mm，不可大于加工尺寸。

⑤榫接合对木纹方向的要求

榫头的长度方向应顺着纤维方向，横向易折断。榫眼应开在纵向木纹上，开在端头易裂且接合强度小。

（2）圆榫

①材质

制造圆榫的材料应选用密度大、无节不朽、无缺陷、纹理通直、具有中等硬度和韧性的木材，一般采用青冈栎、柞木、水曲柳、桦木等。

②含水率

圆榫的含水率应比家具用材低 2%—3%，在施胶后，圆榫可吸收胶液中的水分而使含水率提高。圆榫应保持干燥，不用时要用塑料袋密封保存。

③圆榫的直径、长度

圆榫的直径为板材厚度的 40%—50%，目前常用的规格有 Ø6、Ø8、Ø10 三种。圆榫的长度为直径的 3—4 倍，目前常用的为 32mm，直径不受限制。

④圆榫接合的配合要求

圆榫与圆榫长度方向的配合应为间隙配合，即孔深之和应大于圆榫长度，间隙大小为 0.5mm—0.15mm。

圆榫与榫眼径向配合应采用过盈配合，过盈量为 0.1mm—0.2mm 时强度最高。但用于板式家具中基材为刨花板时，过大会引起刨花板内部的破坏。

涂胶方式直接影响接合强度，圆榫涂胶强度较好；榫孔涂胶强度要差一些，但易实现机械化施胶；圆榫与榫孔都涂胶时接合强度最佳。

3. 基本结构

（1）胶合零件

用小块板材或单板胶合起来的零件称为胶合零件，如抽屉面板、旁板、床梃，柜类与桌类的望板，常用几块小板拼接使用。用多层单板胶合弯曲木或胶合集成材锯制成的零件均属胶合零件。胶合零件具有变形小、节约木材的特点，所以在家具生产中得到了广泛的应用。

（2）方材的接长

实木材料可以接长，以便实现短料的充分应用，节约木材。接长主要靠胶接合，由于端面不易刨光，涂胶后胶液会沿着木材的纤维方向渗入木材的管孔中而造成接触面缺胶，所以在长度上用对接方法很难使两个端面牢固地接合起来。为了增大胶合面积，提高胶合强度，方材的胶合处常被加工成斜面或齿形榫形状。

要获得理想的胶合强度，斜面搭接的长度应等于方材厚度的 10—15 倍，而齿形榫接合时，齿距应为 6mm—10mm。

（3）框架结构

框架是框式家具的基本结构部件，也是框式家具的受力构件，框式家具均由一系列的框架构成。最简单的框架由纵横各两根方材通过榫接合而成，有的框架有嵌板，有的嵌玻璃，有的是中空的。纵向的方材称"立边"，横向的方材称"帽头"；如果框架中间再加方材，纵向的称"立边"，横向的称"横档"。

框架的框角接合方式，可根据方材断面及所用部位的不同，采用直角接合（图4-8）、斜角接合（图 4-9）、中档接合等多种形式。

与直角接合相比较，斜角接合的强度较小，加工较复杂，但能提高装饰质量。斜角接合可使不易装饰的方材端部不外露。它是将两根接合的方材端部榫肩切成45°的斜面后再进行接合。

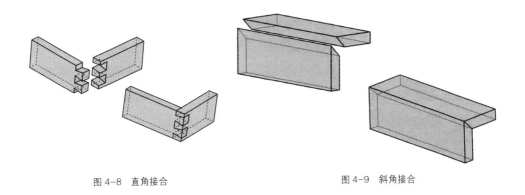

图 4-8　直角接合 图 4-9　斜角接合

（4）嵌板结构

将人造板或拼板嵌入木框中间，起封闭与隔离作用的这种结构称嵌板结构。嵌板结构是框式家具中常用的结构形式，不仅可以节约珍贵的木材，同时也比整体采用方材拼接更稳定和不易变形。

（5）拼板结构

用窄的实木板胶拼成所需要宽度的板材称为拼板（图 4-10）。传统框式家具的桌面板、台面板、柜面板、椅座板、嵌板等都是采用实木板胶拼的。为了尽量减少拼板的收缩和翘曲，单块木板的宽度应有所限制。采用拼板结构，除限制单块板的宽度以外，同一拼板中零件的树种和含水率应当一致，以保证形状稳定。

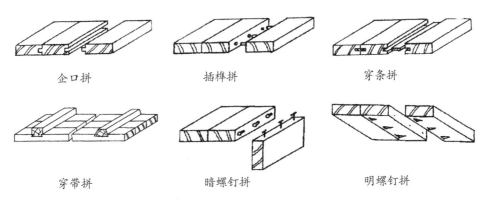

企口拼　　　　　　　插榫拼　　　　　　　穿条拼

穿带拼　　　　　　　暗螺钉拼　　　　　　明螺钉拼

图 4-10　不同拼板结构

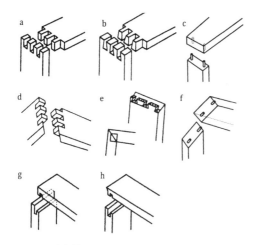

图4-11　直角接合（a直角多榫接合，b燕尾形多榫接合，c圆棒榫接合）；斜角接合（d单面斜角明多榫接合，e全隐燕尾形多榫接合，f圆棒榫斜角接合）；槽榫（g榫槽嵌入接合，h半夹角榫槽接合）

（6）箱框结构

使用四块以上的板材构成箱框的结构就为箱框结构，主要用在箱体、抽屉等处。箱框结构的角部结合方式有直角接合与斜角接合两种；板件之间常用直角多榫、圆榫或槽榫等接合方式（图4-11）。

（7）弯曲件结构

由于材料的因素，当家具的弯曲件弯曲角度超过45度时会造成纤维断裂，因此应使用短料接合。整体弯曲件除了采用实木锯制外也可以使用实木弯曲和胶合弯曲，后者的应用效果优于实木锯制，美观无接口、强度高，但对材料与设备的要求相对较高。

（8）脚架结构

脚架结构主要用于支撑家具及家具承载的重量，由脚和望板构成。其一般指支撑和传递上部载荷的骨架，如柜类家具中的脚架，桌、椅类家具中的支架等。

传统柜类家具中，脚架往往作为一个独立的部件存在，要求其结构合理、形状稳定、外形美观。常见的脚架主要有露脚结构和包脚结构，从材料的制作上可分为木制和金属制两种。

露脚结构（图4-12）中的木制露脚结构，属于框架结构形式，常采用闭口或半闭口直角榫的接合形式。为了加强刚度，脚与脚之间通常有横撑相互连接，脚架与上部柜体使用木螺丝或金属连接件连接。

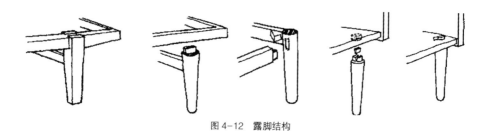

图4-12　露脚结构

包脚结构属于箱框结构形式，一般采用半夹角叠接和夹角叠接的框角接合形式。内角用塞角或方木条加固，也可采用前角全隐燕尾榫、后角半隐燕尾榫的箱框接合方式（图4-13）。

（9）面板结构

面板结构主要指家具可承托外物的部分以及家具外部板面部分，如桌面、椅面、柜面及板式家具的各部件等。木制家具的板面可分为实木板和空心板及其他复合材料（图4-14）。

（10）抽屉结构

抽屉是柜类家具中的重要部件，由于储物需求抽屉要被经常反复抽拉，所以抽屉应轻便，具有高度的灵活性。由于使用频繁，抽屉结构必须具有一定的牢固性才能够使其在频繁使用中不致结构松动；同时作为储物空间，抽屉还必须具有一定的承重能力。

抽屉一般由屉面板、屉旁板、屉后板及底板等构件组成。通常抽屉框角榫接合为主要接合方式，屉旁板与屉后板的接合常用直角开口多榫或明燕尾榫，屉旁板与屉面板的结合主要有半隐燕尾榫、直榫、圆钉接合等（图4-15）。

抽屉抽拉滑道方式多样，如图4-16所示，可根据抽拉的机械性能选择结构方式。木制滑道一般选用硬木为宜。抽屉拉手如图4-17所示。

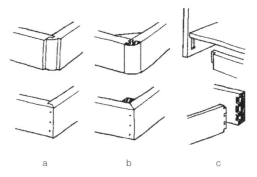

图4-13　包脚结构。a 半夹角叠接；b 夹角叠接；c 半隐燕尾榫

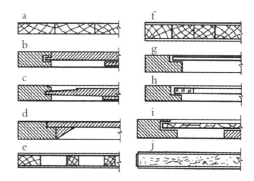

图4-14　面板结构。a 实木拼板面；b、c 实木嵌板面；d 实木镶板面；e 细木工板面；f 玻璃芯面；g 织物芯面；h 大理石芯面；i 空芯板面；j 刨花板

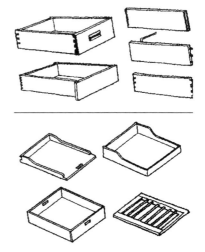

图4-15　抽屉结构（上）与抽屉类型（下）

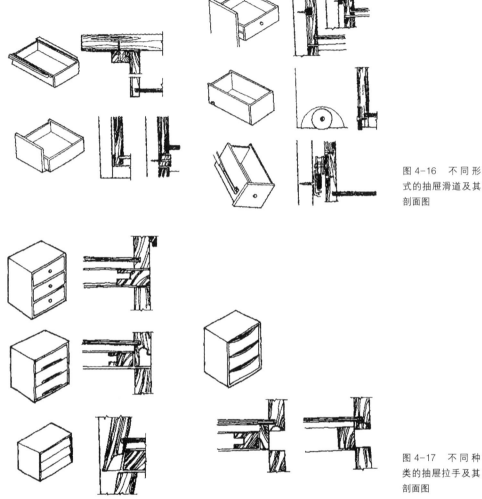

图 4-16 不同形式的抽屉滑道及其剖面图

图 4-17 不同种类的抽屉拉手及其剖面图

(11) 柜门结构

门也是柜式家具的主要部件，它形式丰富、品种多样。从材料工艺可分为实板门、镶板门、空心平板门、玻璃门、百叶门等不同类型；从其开启形式上分为拉门、翻板门、平移门、卷门、折门等类型。

柜门需要方便开启关闭，这样柜体内的空间才能够得以方便利用，因此柜门和柜体的连接也是柜门结构的重点。柜门和柜体的连接及开启方式有以下几种：

①拉门：以铰链为门和柜体的连接件，连接件有明装和暗装两种形式（图

4-18），左图表示的是明装形式的铰链样式和安装结构图，右图表示的是暗装形式的铰链样式和暗装结构图。拉门是最常见的开启形式。

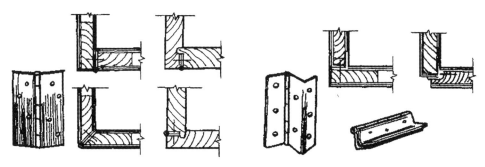

图 4-18　拉门连接件

　　②移门：常用于小面积空间，由于家具布置比较紧凑导致拉门开启困难，移门可以最大程度减少面积限制。移门又分为滑道榫槽移门、单滑道移门、带有滑轮导轨的移门、玻璃移门和折式移门等不同类型。

　　③卷门：卷门是移门的一种特殊种类，结构较为复杂，可以上下或左右大幅度移动。与一般移门相比，卷门可以将柜面整个开启，使用非常方便，而一般移门却只能开启柜面的一半。卷门主要适用于要求开启面积大的柜类家具（图 4-19）。

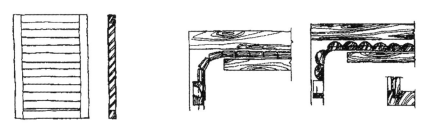

图 4-19　百叶门（左）与厚叶卷门（右）

　　④翻门：翻门靠铰链和拉杆与柜体连接，是组合家具中常见的门的开启方式。它一般是将门翻下开启至水平，可兼做桌面使用；也可将门由下向上翻起，通过滑槽将门推进柜体内，类似于卷门将柜面整个开启，这样柜体就会完全开敞，存取物品没有阻隔，使用方便（图 4-20）。

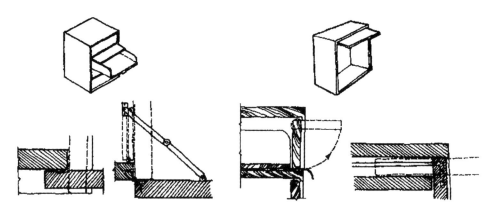

图 4-20 翻门示意图及剖视图

第二节 板式家具

我国是一个木材资源相当缺乏的国家，森林面积仅为世界森林面积的 4% 左右，林木蓄积量还不足世界总量的 3%。同时，森林资源地区分布不均，材质下降。我国木材年人均消费量到 2010 年时只有 0.31 立方米，约为世界平均消费量的 47%，发达国家的 26%，发展中国家的 66% 左右。面临着资源的缺乏，我们必须另辟蹊径，板式家具（图 4-21）无疑是最佳途径之一。

图 4-21 板式家具

1. 板式家具结构分类

板式家具的结构应分为两个部分，分别为板部件本身和连接板部件的连接结构。

（1）板部件

板式家具以板作为其主要机构部件，家具自重以及承重都要依赖板部件来完成，因此，对于板部件的要求首先是具有一定的承重能力，这就要求板部件应有一定的厚度，并且在连接各部分板件时，其中的连接件不能对板件的强度产生影响。同时，家具的美观以及连接质量也需要重视，因此板部件也要平整、板边光洁、不易变形等。

板式家具能大批量生产、售价低廉，其板部件大多使用人造板作为主要材料，一般板厚为 18mm—25mm，有细木工板、中密度纤维板、复面空心板等种类。由于板材板边相对粗糙，板边需要使用封边材料进行封边。目前有多种封边材料及工艺，如塑料封边、薄木封边、榫接封边、金属嵌条封边等，需要结合家具自身特点进行选择。

（2）板的连接结构

板部件之间依靠紧固件或连接件进行连接，连接方式有固定和可拆装两种。连接件既能保证家具强度，从而使其不会发生摇摆、变形的问题，又能确保门、抽屉等部件能够流畅开启使用。

2. 板式家具的用材

板式家具主要以板材为基材，制造板式部件的材料可分为实心板和空心板两大类，大多数企业以采用实心板为主，其中主要有覆面刨花板和中密度纤维板。

3. 板式家具的结构特点

板式家具节约木材，有利于保护生态环境，同时结构稳定，自动化生产可以提高产量，从而增加利润。家具制造无须依靠传统的熟练木工，预先进行设计生产可减少材料和劳动力的消耗。同时，便于质量监控，便于搬运。

4. "32mm 系统"

板式家具中各部件之间的连接已无法采用榫卯连接，这就要求我们去寻找新的连接及接合方法——插入榫。同时，现代家具五金被有效地利用上了。要获得良好的连接，对材料连接及加工工具都要考虑，"32mm 系统"就此在实践中诞生，并已成为世界现代板式家具的通用体系。尽管现代企业中采用了这个规范，却有很多工人不了解"32mm 系统"的实质，只是机械地按部就班去加工，不能灵活运用。

（1）什么是"32mm 系统"

"32mm 系统"是以 32mm 为模数的，制有标准接口的家具结构与制造体系。这个制造体系以标准化部件为基本单元，可以组装为采用圆榫胶接的固定式家具，或使用各类现代五金件连接的拆装式家具。

"32mm系统"需要零部件上的孔间距为32mm的整数倍，接口处都在32mm方格网点上，从而保证实现模块化并可用排钻一次打出，这样可提高效率并确保打眼的精度。

（2）为什么要以32mm为模数

靠齿轮啮合传动的排钻设备能一次钻出多个安装孔，齿轮间合理的轴间距不应小于30mm，若小于这个间距，那么齿轮装置的寿命将受到影响。欧洲人长期习惯使用英制为度量尺寸，对英制的尺度非常熟悉。若以1英寸（25.4mm）作为轴间距，显然与齿间距产生矛盾；若选用英制尺度时，1.25英寸（31.75mm）取其整数即为32mm。与30mm相比，32mm是一个可做安全整数倍分的数值，即它可以被2整除，具有很强的灵活性和适应性。板式家具中以32mm作为间距模式并不表示家具外形尺寸是32mm的整数倍。因此，这与我国建筑行业推行的30mm模数并不矛盾。

（3）"32mm系统"的标准与规范

"32mm系统"以旁板为核心。旁板是家具中最主要的骨架构件，板式家具尤其是柜类家具中几乎所有零部件都与旁板发生关系的家具类别。如顶（面）板要连接左右旁板，底板安装在旁板后侧，门铰的一边与旁板相连，抽屉的导轨要安装在旁板上等。所以，"32mm系统"中最重要的钻孔设计与加工也都集中在了旁板上，旁板上的加工位置确定以后，其他部件的相对位置也基本确定了。

旁板前后两侧各设有一根钻孔轴线，轴线按32mm的间隙等分，每个等分点都可以用来预先钻安装孔。预钻孔可分为结构孔和系统孔，结构孔主要用于连接水平结构板，系统孔用于铰链底座、抽屉滑道、隔板等的安装。由于安装孔一次钻出供多种用途用，所以必须首先对它们进行标准化、系统化与通用化处理。

国际上对32mm的规范有：

①所有旁板上的预钻孔（包括系统孔与结构孔）都应处在间距为"32mm系统"的方格坐标网点上，一般情况下结构孔设在水平坐标上，系统孔设在垂直坐标上，如图4-22所示。

②通用系统的轴线分别设在旁板的前后两侧，一般以前侧轴线（最前边系统孔中心线）为基准轴线。但实际情况由于背板的装配关系，将后侧的轴线作为基

准更合理，而前侧所用的杯形门铰是三维可调的。若采用盖门，则前侧轴线到旁板前边的距离应为 37mm 或 28mm 加门厚。前后侧轴线之间均应保持 32mm 整数倍的距离。

③通用系统孔的标准孔径一般为 5mm，深为 13mm。

④当系统孔为结构孔时，其孔径按结构配件的要求而定，一般常用的孔径为 5mm、8mm、10mm、15mm、25mm 等。

有了这些规定，就使得设备、刀具、五金配件的生产都有了一个共同遵照的接口标准，对孔的加工与家具的装配也就变得十分简便灵活了。

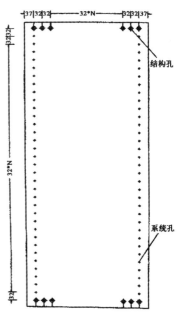

图 4-22 旁板上的预钻孔示意图

企业的每位员工都需要对"32mm 系统"有全面的了解，与机器协同工作，变小批量为大批量。在实际应用中使用好"32mm 系统"，企业可以提高生产效率和设备使用率，从而带来更高的利润。

（4）运用"32mm 系统"的原则和方法

①系统孔与门、抽屉面板。由于门、抽屉的安装都依附于系统孔，故门、抽屉面板与系统孔的相对位置关系是能实现互换与系列组合的关键。门、抽屉面板的高度应与系统孔对齐，并为 32mm 的整数倍，抽屉与侧板的连接见图 4-23。

②系统孔与结构孔。旁板上的结构孔即偏心件和圆榫的安装孔，用于实现旁板与水平结构板（如顶底板）之间的结构连接，其位置由顶底板与旁板的关系而定，还与偏心件的安装尺寸有关。旁板上的预钻孔分别为结构孔和系统孔，两者因作用不同应分别安排，没有相互制约的关系，并非一定在"32mm 系统"网线上。

③系统孔的作用。系统孔能帮助人们在家具加工过程中准确定位、提高效率、增加结合强度。系统孔的作用首先是提供安装五金的预钻孔，若不预钻系统孔，安装抽屉滑道和门铰链就需依靠人工手画线后再用手电钻钻孔，这样不但效率低，而且往往会造成人为误差，影响后续安装工序的精确性和组装后的产品质量。现在的

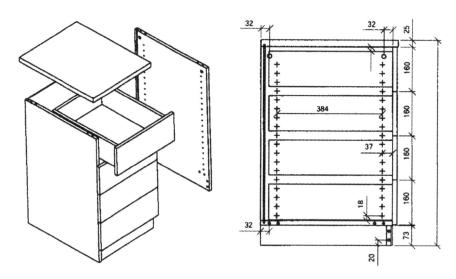

图 4-23 抽屉与侧板连接图

家具服务多为 DIY 或上门安装，是否能快速、便捷、高质地安装是提升用户体验和建立信誉的关键。在预钻孔内预先埋膨胀管，再拧入紧固螺钉，可避免因某些人造板的握钉力不强而影响连接强度，且能够多次反复拆装。

旁板上打满两排或三排的系统孔，可实现旁板的通用性。以一种钻孔模式可满足不同需要，如对于同一高度的柜体，无论配置单门、三抽屉、五抽屉都可以在一块旁板上实现。对用户而言则是增加了使用的灵活性，活动搁板可随需要进行高度调节，暂时未用的系统孔也为将来增加内部功能或改变立面提供了可能，如增加搁板或把单门柜的门换成三个抽屉等。

以上特点相对于标准单体系列设计而言，增强了板块的通用性，减少了板块的种类，提高了安装质量，也让设计师从繁重而缺少创意的工作中解脱了出来，可以集中精力开发个别部件设计；以标准的零部件组织生产，保证生产的连续性，充分利用资源，以系列的部件产品，给用户以选择的自由。

总之，"32mm 系统"家具有很大的优势，问题是如何更科学、更合理地应用它，如何把设计转向更大的市场范围，去满足更复杂的消费需求。这就需要全体实具行业的从业人员共同努力，熟练地运用并不断丰富"32mm 系统"。

5. 板式家具五金连接件

拆装式家具的问世，人造板材的广泛应用，以及"32mm 系统"的产生和发展，为现代家具五金配件的形成与发展奠定了坚实的基础。办公室自动化，厨房家具的变革，以及现代家具设计推崇可持续发展、以人为本原则等再一次促进和推动了家具五金工业向高层次发展。

随着现代家具五金工业体系的形成，国际标准化组织于 1987 年颁布了 ISO8554-8555 家具五金分类标准，将家具五金分为九类：锁、连接件、铰链、滑道（滑动装置）、位置保持装置、高度调整装置、支承件、拉手、脚轮。

（1）锁主要用来锁门与抽屉。根据锁用于部件的不同，可分为玻璃门锁、柜锁、移门锁等，如图 4-24 所示。柜锁与移门锁的安装，只需在门板或抽屉面板上开 20mm 圆孔，用螺钉固定；玻璃门锁则需在顶板或底板上开锁舌孔。在现代办公家具中，为了同时实现对几个抽屉的锁紧，而产生了联锁，分为正面联锁与侧面联锁。联锁的安装，需要在柜旁板上开 20mm×6mm 的槽，将锁杆装入其中，并利用"32mm 系统"中的系统孔固定。

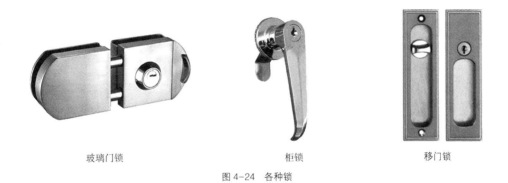

玻璃门锁　　　　　　　　　　柜锁　　　　　　　　　　移门锁

图 4-24　各种锁

（2）连接件

将家具的零件组装成部件，再将零部件组装成产品，都需要应用连接件。零部件组装化生产已成为家具工业化生产的大趋势，具有可拆装结构的连接件因而得到了广泛的应用，成为各类五金中应用最为广泛的一种（图 4-25）。

①分类

根据连接是否可拆卸，可将连接件分为固定和拆装两大类。可拆装连接件按其扣紧方式可分为：螺纹啮合式、凸轮提升式、斜面对插式、膨胀销接式及偏心螺纹啮合式等。其中，凸轮提升式连接应用最为广泛，又称为偏心连接件。

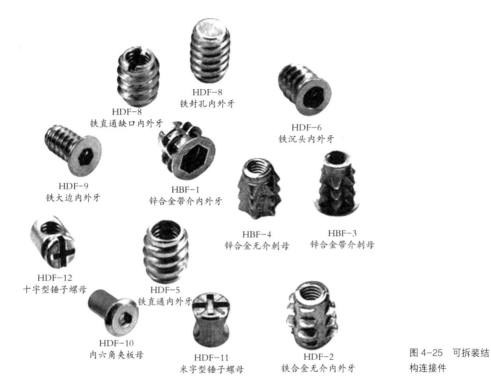

HDF-8
铁直通缺口内外牙

HDF-8
铁封孔内外牙

HDF-6
铁沉头内外牙

HDF-9
铁大边内外牙

HBF-1
锌合金带介内外牙

HBF-4
锌合金无介刺母

HBF-3
锌合金带介刺母

HDF-12
十字型锤子螺母

HDF-5
铁直通内外牙

HDF-10
内六角夹板母

HDF-11
米字型锤子螺母

HDF-2
铁合金无介内外牙

图 4-25 可拆装结构连接件

②结构特点与连接方式

偏心连接件由圆柱塞母、吊杆及塞孔螺母等组成（如图 4-26 所示）。吊杆的一端是螺纹，可连入塞孔螺母中；另一端通过板件的端部通孔，接在开有凸轮曲线的槽内。当顺时针拧转圆柱塞母时，吊杆在凸轮曲线槽内被提升，即可实现垂直连接。

在加工生产时，在一板上需钻 5mm×13mm 深的孔，并预埋塞孔螺母；而在与之配合的垂直板件上离边 25mm（33mm、29.5mm，可根据吊杆的不同长度选择）钻 15mm×13mm 深的孔，装圆柱塞母，并在板端钻通孔用来穿过吊杆。

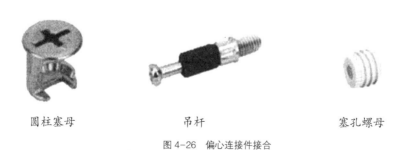

圆柱塞母

吊杆

塞孔螺母

图 4-26 偏心连接件接合

用四合一连接件，则是利用专用锥形螺钉自上而下插接，并依靠斜面机构获得扣紧。

③技术要求

家具中可以选用的连接件品种繁多，就最为普遍的偏心连接件来讲，圆柱塞母的直径有 10mm、15mm、25mm 等规格，常用为 15mm；吊杆的长度规格也很多。每一种连接件都有不同的技术要求，生产厂家一般都配有详尽的技术要求说明，在设计时应详细了解其参数，选用适合的连接件。

（3）铰链

①分类

铰链按底座类型分为脱卸式和固定式两种；按臂身类型又分为滑入式和卡式两种；按门板遮盖位置又分为全盖（直弯、直臂，一般盖 18mm），半盖（中弯、曲臂，盖 9mm），内藏（大弯、大曲，门板全部藏在里面）等；按铰链发展阶段的款式，可分为一段力铰链、二段力铰链、液压缓冲铰链、触碰自开铰链等；按铰链的开门角度，可分为常用的 95 至 110 度，特殊的有 25 度、30 度、45 度、135 度、165 度、180 度等；按铰链的类型又分为普通一、二段力铰链，短臂铰链，26 杯微型铰链，弹子铰链，铝框门铰链，特殊角度铰链，玻璃铰链，反弹铰链，美式铰链，阻尼铰链，厚门铰链等。常见铰链如图 4-27 所示。

转铀铰链　　　　十字暗铰链　　　　合页铰链

杯状暗铰链　　　合页铰链　　　玻璃翻页合页　　子母合页铰链

图 4-27　常见铰链

②连接方式

铰杯与门：门上预钻盲孔（φ35mm、φ26mm）并嵌装铰杯，另通过铰杯两侧耳上的安装孔（两孔），利用螺钉接合与门连接。可在门上预钻 φ3mm 或 φ5mm(φ6mm 欧式螺钉) 盲孔。

铰杯与底座：有匙孔式、滑配式和按扣式等三种连接方式。

底座与旁板：采用螺钉连接，标准是在旁板"32mm 系统"φ5mm 的系统孔中安装 φ6mm 欧式螺钉。在进行暗铰链的安装设计时，必须注意每种暗铰链的参数。对于不同的铰链，铰杯孔与门板边的距离、暗铰链的底座高度、门与旁板的相对位置均有不同，如图 4-28 所示。

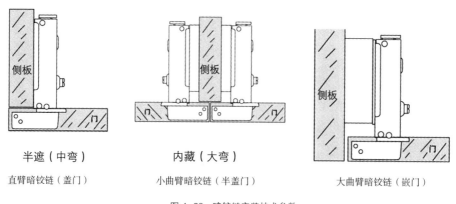

半遮（中弯）　　　　　内藏（大弯）

直臂暗铰链（盖门）　　小曲臂暗铰链（半盖门）　　大曲臂暗铰链（嵌门）

图 4-28　暗铰链安装技术参数

③技术要求与标准

用户在购买暗铰链时，同时也可获得厂家提供的技术指导，包括不同种类的铰链的参数值、参数之间的关系值表，以及相应的坐标曲线等。用户可根据这些数值选取适合的铰链。但同时也应注意，暗铰链靠四连杆机构转动，因而没有固定的回转中心，门开启时，门上的点不是在做圆弧运动，而是做各不相同的曲线运动，并因不同品种的铰链而异。因此，对于不同的门厚，门上是否有凸起的装饰线条，门与门、门与旁板的间隙应多大，工作人员都要一一核对，才能做出正确的选择。

（4）滑动装置

滑动装置也是一种重要的功能五金件，最常用的为抽屉道轨及门滑道，此外还有电视柜、餐台面用的圆盘转动装置、卷帘门用的环型底路、铰链与滑道的联合装置（如电视机柜内藏门机构）等（图4-29）。

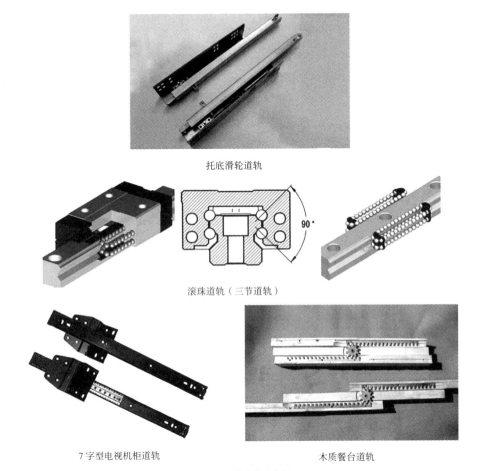

托底滑轮道轨

滚珠道轨（三节道轨）

7字型电视机柜道轨　　　　　　　木质餐台道轨

图4-29　各种滑动装置

　　①抽屉道轨：抽屉滑道根据其滑动的方式不同，可以分为滑轮式和滚珠式；根据安装位置的不同，又可分为托底式、中嵌式、底部两侧安装式、底部中间安装式等；根据抽屉拉出距离柜体的多少可分为单节道轨、双节道轨、三节道轨等，三节道轨多用于高档或抽屉需要完全拉出的产品中。

　　②门滑道：家具的门，除采用转动开启的方式外，还有平移、转动－平移、折叠平移等多种开启方式。采用平移或兼有平移功能的开启方式，可以节省转动开门时所必需的空间，所以门滑道在越来越多的产品中被广泛应用。

（5）位置保持装置

位置保持装置主要用于活动部件的定位，如门用磁碰、翻门用吊杆等，见图 4-30。

（6）高度调整装置

高度调整装置主要用于家具的高度与水平调整，如脚钉、脚垫、调节脚，以及为办公家具特别设计的鸭嘴调节脚等，见图 4-31。

（7）支承件

支承件主要用于支承家具部件，如搁板销、玻璃层板销、衣棍座等，见图 4-32。

图 4-30 位置保持装置

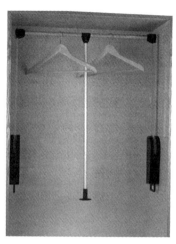

图 4-31 高度调整装置

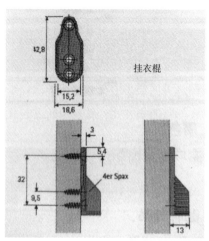

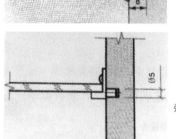

图 4-32 各种支承件

（8）拉手

拉手属于装饰五金类，在家具中起着重要的点缀作用。其形式和品种繁多，有金属拉手、大理石拉手、塑料拉手、实木拉手、瓷器拉手（图4-33）等，还有专门用于趟门的趟门拉手（挖手）。

图4-33　瓷器拉手

（9）脚轮

脚轮常装于柜、桌的底部，以便移动家具。根据连接方式的不同，脚轮可分为平底式、丝扣式、插销式三种，其还可以装置刹车，当踩下刹车时可以固定脚轮，不使其滑动。平底式采用螺钉接合，丝扣式采用螺丝与预埋螺母接合，插销式采用插销与预埋套筒接合。

（10）其他五金件

除以上九大类五金件外，还有为现代自动化办公家具而特别设计的五金件，如用于走各种线而设计的线槽、线盒（图4-34）；为沙发等家具设计的沙发脚（图4-35）等。在使用这些特殊的家具配件时，可以根据生产厂家提供的技术说明书自己量取装配尺寸。

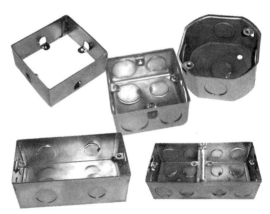

图4-34　线盒

图4-35　沙发脚

第三节 其他非木质家具

1.软体家具

坐、卧类家具中,与人体接触的部位由软体材料或由软性材料饰面制成的家具,称为软体家具。我们常见的沙发、床垫都属于软体家具。

(1)支架结构

坐、卧具既承受静载荷,又要承受动载荷以及冲击载荷,因此,首先其强度应满足要求。一般来说,软体家具都有支架结构作为支承,支架结构有传统的木结构、钢制结构、塑料成型支架及钢木结合结构,也有不用支架的全软体家具。

图4-36 支架结构

木支架为传统结构,一般属于框架结构,采用明榫接合、螺钉接合、圆钉接合以及连接件接合等方式连接。受力大的部件,须挑选木质坚硬、弹性较好的材料,且无虫眼、节疤等缺陷,有缺陷的木材应安排在受力小的部位。因为有软体材料的包覆,除扶手和脚型等外露的部件,其他构件的加工精度要求不高。钢架结构一般采用焊接或螺钉接合,也可采用弯管成型,如图4-36、图4-37。

(2)软体结构

①薄型软体结构

这种结构也叫半软体结构,如用藤面、绳面、布面、皮革面、塑料纺织面、棕绷面及人造革面等材料制成的产品,也有部分用薄层海绵的,如图4-38。

图4-37 钢架结构

这些半软体材料有的直接纺织在座框上，有的缝挂在座框上，有的单独纺织在木框上再嵌入座框内。

②厚型软体结构

厚型软体结构可分为两种形式。一种是传统的弹簧结构，利用弹簧作软体材料，然后在弹簧上包覆棕丝、

图 4-38　薄型软体结构

棉花、泡沫塑料、海绵等，最后再包覆装饰布面。弹簧有盘簧、拉簧、弓(蛇)簧等。

另一种为现代沙发结构，也叫软垫结构。整个结构可以分为两部分，一部分是由支架蒙面（或绷带）而成的底胎；另一部分是软垫，由泡沫塑料（或发泡橡胶）与面料构成。

（3）充气家具

充气家具具有独特的结构形式，其主要构件由各种气囊组成，并以其表面来承受重量。气囊主要由橡胶布或塑料薄膜制成。其主要特点是可自行充气组成各种家具，携带或存放方便，但单体高度因要保持其稳定性而受到限制，如图 4-39。

图 4-39　充气家具

（4）床垫

床垫的结构有多种，一种是弹簧结构，利用盘簧、泡沫塑料、海绵、面料等制成；在这种结构的基础上，针对床垫中间受力最大、易塌陷等因素，又开发出独立袋装弹簧床垫，高碳优质钢丝制成直桶形或鼓槌形的弹簧，分别装入经特殊处理的棉布袋中，可独立承受压力，且弹簧之间互不影响，使邻睡者不受干扰；另一种是全棕结构，利用棕丝的弹性与韧性作软性材料。

（5）沙发制作工艺

现代沙发制作在工艺上更为简单，一般不再采用弹簧作为软体材料，而采用发泡橡胶或泡沫塑料为软体材料。其制作时需先做框架，然后根据设计要求包覆发泡橡胶，在包覆时应使形状与外形一致。可在发泡橡胶上包覆一层柔软的薄胶棉，以

提高沙发的柔软度与平整度，最后是蒙面，做法同传统做法。

2. 金属家具

主要部件由金属制成的家具称金属家具。根据所用材料来分，可分为：全金属家具（如保险柜、钢丝床、厨房设备、档案柜等）；金属与木结合家具；金属与非金属（竹藤、塑料）材料结合的家具。

（1）金属家具的结构特点及连接形式

①结构特点

按结构的不同特点，我们可将金属家具的结构分为固定式、拆装式、折叠式、插接式四种。

固定式：通过焊接的形式将各零、部件接合在一起。此结构受力及稳定性较好，有利于造型设计，但表面处理较困难，占用空间大，不便运输。

拆装式：将产品分成几个大的部件，部件之间用螺栓、螺钉、螺母连接（加紧固装置）。拆装式有利于电镀、运输。

折叠式：又可分为折动式和叠积式，常用于桌、椅类。折叠式家具存放时可以折叠起来，占用空间小，便于携带、存放与运输，使用方便。

插接式：利用金属管材制作，将小管的外径套入大管的内径，用螺钉连接固定。我们可以利用轻金属铸造二通、三通、四通的插接件。

②连接形式

金属家具的连接形式主要可分为焊接、铆接、螺钉连接、销连接四种。

焊接：可分为气焊、电弧焊、储能焊。牢固性及稳定性较好，多应用于固定式结构。主要用于受剪力、载荷较大的零件。

铆接：主要用于折叠结构或不适于焊接的零件，如轻金属材料。此种连接方式可先将零件进行表面处理后再装配，给工作带来方便。

螺钉连接：应用于拆装式家具，一般采用来源广的紧固件，且一定要加防松装置。

销连接：销也是一种通用的连接件，主要应用于不受力或受较小力的零件，起定位和帮助连接的作用。销的直径可根据使用的部位、材料来适当确定。起定位作用的销一般不少于两个；起连接作用的销的数量以保证产品的稳定性来确定。

（2）折叠结构

①折动式家具

　　折动结构是利用平面连杆机构的原理，应用两条或多条折动连接线，在每条折动线上设置不同距离、不同数量的折动点；同时，必须使各个折动点之间的距离总和与这条线的长度相等，这样才能折得动，合得拢。折动结构主要形式如图 4-40 所示。

　　随着家具产品的日益更新，新的折叠结构及折叠方式被应用于家具设计中。如阿尔弗雷多·沃尔特·哈伯利（Alfredo Walter Habberley）设计的"S1080"就采用了新的折叠方式，如图 4-41 所示。又如庞德·阿拉德（Pond Arad）设计的"T4 型"折叠手推车式桌，如图 4-42 所示。

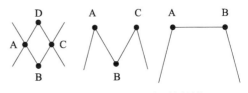

图 4-40　"×"型、"M"型、两点型折动结构

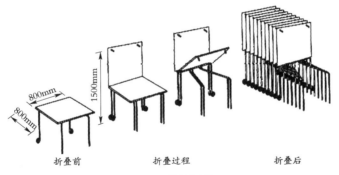

图 4-41　折叠式座椅

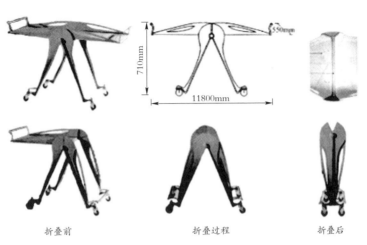

图 4-42　"T4 型"折叠手推车式桌

②叠积式家具

叠积式家具不仅节省占地面积，还方便搬运。越合理的叠积式家具，相同体积下叠积的件数也越多。叠积式家具有柜类、桌台类、床类和椅类，但常见的是椅类（如图4-43）。叠积结构要从脚架与背板空间中的位置来考虑。

图4-43　叠积式家具

（3）金属家具的生产工艺

①管材的截断：进行管材截断的方法主要有割切、锯切、车切、冲截四种。其中，用金属车床切得的零件端面加工精度较高。一般对于管材，需要使用电容式储能焊加工；而冲截生产效率高，但冲口易产生缩瘪，因此应用面较窄。

②弯管：弯管一般用于支架结构中。弯管工艺是指在专用机床上，借助型轮将管材弯曲成圆弧型的加工工艺。弯管一般可分为热弯、冷弯两种加工方法，热弯用于管壁厚或实心的管材，在金属家具中应用较少；冷弯在常温下弯曲，加压成型，加压的方式有机械加压、液压加压及手工加压弯曲。

③打眼与冲孔：当金属零件采用螺钉接合或铆钉接合时，零件必须打眼或冲孔。打眼的工具一般采用台钻、立钻及手电钻。冲孔的生产率比钻孔高2至3倍，加工尺度较为准确，可简化工艺。有时在设计中会用到槽孔，槽孔可利用铣刀铣出。

④焊接：焊接的方法有多种，常用的有气焊、电焊、储能焊等。钢管在焊接后会有焊瘤，必须切除，这样才能使管外表面平滑。

⑤表面处理：零件的表面要经过电镀或涂饰进行处理，涂饰的方法有喷金属漆或电泳涂漆。

⑥部件装配：零件在最后矫正后，根据不同的连接方式，用螺钉、铆钉等组装成为产品。

产品加工工艺是否合理，是否有利于工业化生产，与家具的结构设计是密不可分的。合理的结构在很大程度上可简化工艺，提高生产率。如图4-44中所示的"孔洞"套椅，椅子采用整张板材制成，先在板材上切割出前腿及后腿的形状，并在板材上冲孔以增加美感且减轻自重，再通过模弯成一张完整的椅子，其加工工艺简单而且有代表性。

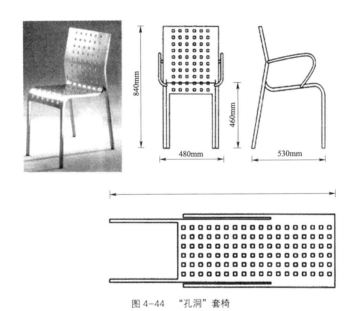

图4-44 "孔洞"套椅

3. 塑料家具

塑料家具有质轻、坚牢，耐水、耐油、耐蚀性高，色彩佳，成型简单而生产率高等优点。其最主要的特点就是易成型，且成型后坚固、稳定，因此塑料家具常由一个单独的部件组成。图4-45所示活力椅，内部为焊接钢架结构，然后用CFC自由膨胀聚氨酯泡沫注入框架四周的模具中，从而形成一把完整的椅子。

塑料的品种很多，常用于家具产品的塑料

图4-45 活力椅

有玻璃纤维塑料（玻璃钢）、ABS 树脂、高密度聚乙烯、泡沫塑料、亚克力树脂五种。

在进行塑料家具设计时，我们主要应注意一些细部的结构，如塑料制品的壁厚、加强筋与支承面、模具的斜度与圆脚、孔与螺纹等。

壳体家具是指整体或零件采用塑料、玻璃钢等材料，通过模压、浇注成型或单板胶合的工艺生产的家具（图 4-46）。壳体家具是随着高强度塑料、玻璃纤维、多层薄木胶合等新型材料和工艺的产生而出现的。它可以按照人体的曲线形态制成各种符合人机工学的连体薄壳结构，或整体浇注成型，或制作出曲面部件后再固定于支架上。壳体家具有很多优势，特别是自重轻、强度高，可做成叠积结构便于搬动、适于贮藏。同时，由于其模压成型的生产工艺，壳体家具往往具有生动流畅的造型、鲜明的色彩，造型雕塑感强，往往成为创造室内环境的重要造型因素。它可以设计成配套的部件进行各种组合，创造各种使用方式。

（1）壁厚、加强筋与支承面

塑料家具根据使用要求必须具有足够的强度，但注塑成型工艺对制件壁厚却有一定的限制，因此，合理地确定制品的壁厚是非常重要的（表 4-1）。壁厚应尽量均匀，壁与壁连接处的厚度不应相差太大，并且应尽量用圆弧连接。

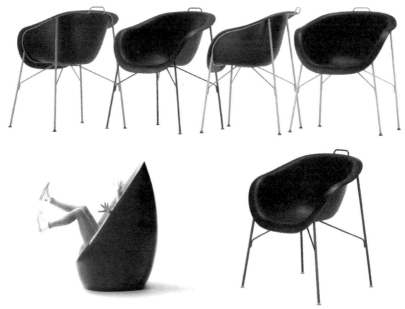

图 4-46　壳体家具

表 4-1　热塑性塑料制品的壁厚常用值

塑料名称	最小壁厚（mm）	常用壁厚（mm）		
		小型制品	中型制品	大型制品
聚乙烯	0.60	1.25	1.60	2.4~3.2
聚丙烯	0.85	1.45	1.75	2.4~3.2
软聚氯乙烯	0.85	1.25	2.25	2.4~3.2
硬聚氯乙烯	1.20	1.60	1.80	3.2~5.8
尼龙	0.45	0.76	1.50	2.4~3.2
有机玻璃	0.80	1.50	2.20	4.0~6.5
聚甲醛	0.80	1.40	1.60	3.2~5.4
聚苯乙烯	0.75	1.25	1.60	3.2~5.4
改性聚苯乙烯	0.75	1.25	1.60	3.2~5.4
聚碳酸酯	0.95	1.80	2.30	3.0~4.5

　　有些塑料制品需要承受较大的载荷，壁厚达不到强度要求时，就必须在制品的反面设置加强筋。加强筋的作用是在不增加塑件壁厚的基础上增强其机械强度，并防止塑件翘曲。加强筋的高度一般为壁厚的 3 倍左右，并有 2°—5°的脱模斜度，其与塑件的连接处及端部都应以圆弧相连。加强筋的厚度应为壁厚的 1/2。当塑料制件需要由基面作支承面时，应设计用凸边的形式来代替整体支承表面。

　　（2）塑料家具的斜度与圆

　　塑料制品都是由模注塑成型的，为便于脱模，设计时塑料制品与脱模方向平行的表面应具一定的斜度（表 4-2）。塑料制件的内、外表面及转角处都应以圆弧过渡，避免锐角和直角。

表 4-2　塑料制品脱模斜度的参考值

塑料件种类	最小壁厚（mm）
热固性塑料压塑成型	1°~1°30'
热固性塑料注射成型	20°~1°
聚乙烯、聚丙烯、软聚氯乙烯	30°~1°
ABS、改性聚苯乙烯、尼龙、聚甲醛、氯化聚酯、聚苯酯	40°~1°30'
聚碳酸酯、聚砜、硬聚氯乙烯	50°~1°30'
透明聚苯乙烯、改性有机玻璃	1°~2°

（3）塑料家具的孔与螺纹

塑料制件上各种形状的孔（如通孔、盲孔、螺纹孔等），应开设在不减弱塑料件机械强度的部位。相邻两孔之间和孔与边缘之间的距离通常不应小于孔的直径，并应尽可能使孔打在壁厚一边。设计塑料制件上的内、外螺纹时，必须注意不影响塑件的脱模和降低塑件的使用寿命。螺纹成型孔的直径一般不小于 2 mm，螺距也不宜太小。

4. 竹藤家具

竹材、藤材同木材一样，都属于自然材料。竹材坚硬、强韧；藤材表面光滑，质地坚韧而富于弹性，且富有温柔淡雅的感觉。竹、藤材可以单独用来制作家具，也可以同木材、金属材料配合使用。

（1）竹藤家具的构造

竹藤家具的构造可以分为两部分：骨架和面层。

①骨架：竹藤家具的骨架可以采用竹竿或粗藤条制作，如图 4-47a；也可以采用木质骨架，如图 4-47b；还可采用金属框架作为骨架，如图 4-47c。

②面层：竹藤家具的面层，一般采用竹篾、竹片、藤条、芯藤、皮藤编织而成。

a   b   c

图 4-47　不同骨架材质与竹藤家具

（2）骨架的接合方法

①弯接法：如图 4-48a 所示，采用锯口弯曲的方法，将竹材锯口后弯曲与另一竹材相接。

②缠接法：如图 4-48b 所示，这种方法是竹藤家具中最为常用的一种方法，先在被连接的竹材上钉孔，再用藤条进行缠绕。

③插接法：如图 4-48c 所示，这种方法是竹家具独有的接合方法，用于竹竿之间的接合。通常在较粗的竹管上开孔，然后将较细的竹管插入，并用竹钉锁牢。

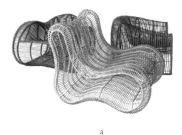  

a   b   c

图 4-48　骨架结合的方法

（3）竹藤编织的方法（图 4-49）

①单独编织法：用藤条编织成结扣和单独的图案。结扣用于连接构件，图案用于不受力的编织面上。

②连续编织法：用四方连续构图法编织成面。采用皮藤、竹篾等扁平材料的编织称扁平编织，采用圆形材料的编织称圆材编织。

单独编织法		
	蝴蝶纹样	几何纹样
连续编织法		
	菊花纹样	铜钱纹样
图案纹样编织法		

图 4-49　竹藤编织方法

图 4-50　钢管结构竹藤扶手椅

③图案纹样编织法：用圆形材料编织各种形状和图案，安装于家具的框架上，起装饰及对受力构件的辅助支承作用。

（4）竹藤家具制作

如图 4-50 所示的扶手椅，主体框架采用钢管焊接并镀铬制成；椅座的框架由钢管弯曲制成，并通过电焊连接，座面采用圆藤条纵横编织制作；椅座与主框架之间的接合采用插接的方式，并用螺钉加以固定。圆形的钢管结构将椅座与扶手、靠背连成一体，既美观，又符合人机工程学特性。

课后讨论

设计一个板式衣橱，画出"32mm 系统"旁板构造图。

第五章 | Chapter 5
家具设计的技术

科技文明发展到今天，产品设计开发工作已进入一个全新的世界。铅笔加图板、画笔加调色板便是设计的时代已经过去。在从工业化向信息化演进的过程中，我们的社会生活、产业结构，乃至思想观念都在发生巨变，并从各个方面影响着产品开发与设计的目的、手段和思维方式。设计不再只是个人独立的、天才的创造，而更可能是一个群体的集体创作和复杂的系统化过程。设计师变得更加需要团队协作精神和全方位的能力，产品开发设计团队中的每个人都应该是能力全面、具有成熟设计理念的专业人员。

第一节 现代设计师应具备的十项技能

现代产品设计师需要学习和掌握的技能在整体层面和纵深发展上都更多样、更复杂、更专业化。1998 年 9 月，澳大利亚工业设计顾问委员会就堪培拉大学工业设计系进行的一项调查指出，信息时代的产品设计师应具备以下十项基本技能：

①应有优秀的草图表现和手绘能力。作为设计者，下笔应快而流畅，而不是缓慢迟滞。手绘草图并不要求精细的描画，最重要的是能够迅速地勾出轮廓并稍加渲染，关键是要快速而不拘谨。

②有很好的模型制作技术。设计者应能使用泡沫塑料、石膏、树脂、MDF 板等塑型，并掌握用 SLA、SLS、LOM、硅胶等快速制作模型的技巧。

③必须掌握一种矢量图处理软件和一种像素绘图软件。矢量图处理软件如 Freehand、Illustrator，像素绘图软件如 Photoshop、Photostyler。

④至少能够使用一种三维造型软件，高级一些的如 Pro/e、Alias、Catia、Ideas，

层次较低些的如 Solidworks 98、Fom-z、Rhino 3D、3D Studio Max 等。

⑤二维绘图软件能使用 Auto Cad 、Microstation 和 Vellum。

⑥能够独当一面。设计者应具有优秀的表达能力及与人交往的技巧（能站在客户的角度看待问题和理解概念），具备写作设计报告的能力（在设计细节上进行探讨并记录设计方案的决策过程）。设计者有制造业方面的工作经验则更好。

⑦在形态方面具有很好的鉴赏力，对正负空间的架构有敏锐的感受能力。

⑧拿出的设计图样要包括细节完备、尺寸精细的图稿和制作精良的模型照片，要做到草图流畅，效果图细节刻画细致，三维渲染恰当，仅仅几张轮廓图是不够的。

⑨对产品从设计制造到走向市场的全过程应有足够的了解，在工业制造技术方面懂得越多越好。

⑩在设计流程的时间安排上要做到十分精确。三维渲染、制模、精细图样的绘制等要快速、精确、高效。要知道，雇主聘用专业设计人员是为了获得利润。

第二节　初步设计与创意草图

产品设计从最初的创意构思到初步的概念草图、效果图、功能分析图、三视图、部件图，不仅反映着产品创意的产生和发展，而且还以形象化直观的图画语言传达设计功能。所以，设计者手的图形表现能力和电脑图形与图像设计能力尤为重要，手与笔、手与鼠标、手与工具、人脑与电脑将为现代设计师展现一个全新设计空间。

就产品开发的初步设计而言，设计者手的表现能力尤为重要，徒手草图功力越深，所思考的形象就越完美，因为所有的形态构成都是通过灵巧的手感供给大脑的。随意的概念草图能以简练的线条表达许多以文字形式难以表述清楚的想法，草图分为概念草图，提炼草图和结构草图等（图 5-1）。

在一个设计群体设计开发同一个项目时，草图创意是由几位设计师同时拿出若干个不同的设计创意，再把大家的草图汇聚在一起研讨，开展"头脑风暴"，集思广益后进一步把初步设计不断深入和完善。在这个阶段与甲方（设计委托单位）的接触与研讨也是非常重要的。要使模糊的设计概念具体化，通过具体—模糊—集中—

扩展—再集中—再扩展这种反复的螺旋上升的创意过程，形成最佳目标的初步设计方案。

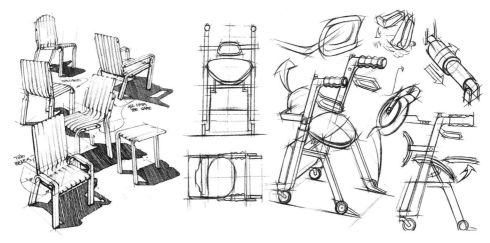

图 5-1　初步设计创意草图

第三节　深化设计与细节研究

家具产品开发设计是一个系统化的进程，这个过程从最初的概念草图设计开始，逐步深入产品的形态结构、材料、色彩等相关因素的整合发展与完善，并不断用视觉化的图形语言进行表达，这就是设计的深化与细节研究。

在初步确定的草图基础上，把家具的基本造型进一步用更完整的三视图和立体透视图的形式绘制出来，初步完成家具造型设计。在家具造型设计的基础上，进行材质、肌理、色彩等的装饰设计。在装饰设计的基础确定之后，进行结构设计、零部件设计，特别是结构的分解与剖析，应进行大量的细节推敲与研究。家具结构与细节的设计研究应注意如下内容：尽可能绘出家具的各部分结构分解图；人机工程学的尺度推敲分析；关键部位的节点构造图；材质、肌理、色彩的不同组合效果分析；具体尺寸的进一步确认；产品的系列化组合（单体、成套、家族）。

在家具深化设计与细节研究的设计阶段，更应加强与设计委托单位的沟通，或到家具生产第一线，如家具材料、家具五金配件的工厂或商场作实地考察，并与生产制造部门多沟通，使家具深化设计进一步完善（图 5-2）。

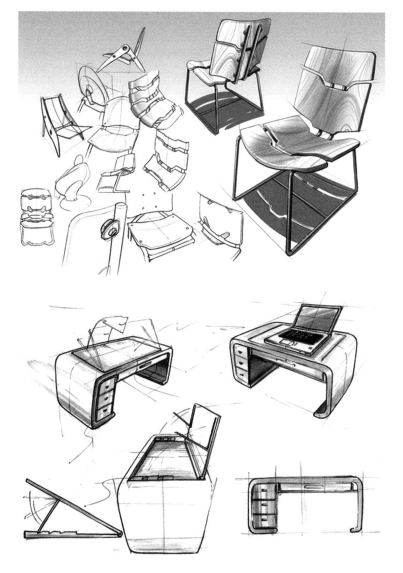

图 5-2　深化设计与细节研究

以美国有机家具创造者伊姆斯（Charles Eames）和沙里宁获得家具竞赛大奖的椅子设计为例，可以看到深化设计与细部研究的重要性。

伊姆斯潜心研究椅子设计，并创造了一系列经典作品，他认为，"细节不是细节，它们产生产品，联系、联系、再联系"。由此可见，细节研究与深化设计对于家具新产品开发设计十分重要。

第四节　软件建模技术

在完成了初步设计与深化设计后，要把设计的阶段性结果和完整成熟型创意表达出来，作为设计评判依据，送交有关方面审查。三维立体效果图和比例模型制作是提供给生产技术部门制造的依据。效果图和模型要求准确、真实，充分反映未来家具新产品的造型、材质、肌理、色彩，并解决与造型、结构有关的制造工艺问题。

三维立体效果图是将家具的形象用空间投影透视的方法，通过彩色立体形式表达出来，使产品形象具有真实观感，并在充分表达设计创意内涵的基础上，从结构、透视、材质、光影色彩等多种元素加强表现力，以达到视觉上的立体真实效果。由于计算机三维造型设计软件效率更高、更逼真精确，特别是近年来专业设计软件的开发与升级，计算机三维造型设计的软件功能越来越强大，为效果图设计提供了更现代化的便利工具。一旦数字模型建成，就便于设计时反复修改，对形状、材料及颜色的推敲都十分直观便利，尤其是还可以生成高度真实的虚拟漫游动画来演示设计方案，论证修改都很方便。所以，计算机三维立体效果图日益成为产品开发设计效果图的首选，成为新一代设计师的数字化设计工具。

1. 三维立体效果图

近几年来，随着 Cad 技术在家具设计领域中的广泛应用，家具设计开始进入现代化的轨道。但需要指出的是，由于 Cad 软件存在功能方面的局限性，不能完美地模拟出虚拟三维模型，也不能直观地表达设计师的意图。Autodesk 公司的 3D Max 软件是三维建模软件中非常优秀的软件之一，以下就对 3D Max 在家具设计中的应用进行讨论。

（1）三维建模技术在家具设计中的优势。三维建模技术的前身属于三维立体画艺术，最初的形式极为简单并且发展缓慢，但后来随着计算机技术的飞速发展，三维建模技术得到了不断完善，特别是美国 Autodesk 公司推出的三维建模软件 3D Max，更使得三维建模技术迅速发展并得到广泛应用。同时，三维建模技术在家具设计领域中已经是不可缺少的重要组成部分。

①家具造型设计表现的新方式和新途径。在传统的家具造型实际表现方式中，无论是铅笔素描结构草图、水彩透视效果图，还是比较精细的三视图，都不能直观有效地表达出设计师的设计思想。同时，手工制作实体模型也存在着诸多不足，为了弥补如此多的缺陷，我们不得不另辟蹊径。因此，成本低、效率高、易存储，并且完成后极易修改的计算机三维建模软件成为家具造型设计新兴的表现方式。

②使家具产品的表现效果更逼真、更活泼。传统的家具造型设计由于要考虑到绘画的工作量，并且还需要设计师具备专业的色彩知识，所以在设计表达上有很大的局限性，如家具设计不能有太多的花纹，造型也不能太过复杂，对于造型精良的家具来说，传统的二维绘画表现方法局限性极大。在计算机三维建模技术的环境下，对造型的复杂程度不再有顾忌。使用计算机三维建模技术，可以灵活多变地赋予模型材质，通过模型渲染设置和对材质与灯光的控制来模仿真实世界的物体，无需实体就可以赋予模型真实、可靠的色彩，达到照片级别的效果，并可反复地进行渲染直到满意为止。

③能使家具设计达到人、机统一的效果。家具产品的造型设计不仅影响人们对家具外观的直接感受，而且在使用过程中还会间接性地对人产生心理和生理影响。使用计算机建模技术的优势在于它能够把人机作为统一体来共同考虑进行设计，使得家具与人体功能密切配合，优化设计程序、降低劳动消耗、改善工作环境，进而快速有效地设计出更完美的家具。

④能有效地协调造型设计中形体、功能、物质之间的关系。形体是功能要求的体现，功能要求又决定了形体的设计，物质基础直接影响形体与功能，三者之间相互影响、紧密联系，只有协调好三者之间的关系才能更好地为家具设计服务，从而设计出精湛优良的家具精品。在计算机三维建模技术的环境下，家具设计师便可以方便快捷地在计算机上修改模型参数，减少物质条件的局限性，再加上丰富的材质选项能模仿真实的质感效果，弥补了形体上的不足。

⑤激发家具设计师的创作灵感。传统的手工绘画设计方式，不仅消耗大量时间、体力和精力，而且很难进行二次修改，这极大地限制了设计师的创造力。在计算机三维建模技术的环境下，通过快速建模，可以有效地展现出多种设计方案，将设计师不同风格的设计灵感简单直观地展现出来。在设计过程中，可进行任意修改，从三维世界的角度来观察家具造型，确定最佳的方案。因而，这种新

技术是提高设计师创作能力的实用工具。

（2）应用 3D Max 进行家具设计的前提条件

想要使用 3D Max 软件进行家具设计，前提条件是设计师具备很强的空间想象能力，能在大脑中对所设计家具的三维立体模型进行模拟。设计师具备此种能力后在解决计算机三维建模问题上便可以游刃有余，以下是总结出来的几个关键前提：

①快速有效的材质贴图编辑。几个常规操作工具，如移动、旋转、缩放、选择、镜像、阵列、对齐、视图等，是设计师进行三维建模必须要掌握的基本命令，各项命令所对应的快捷键务必要熟记于心，这对提高建模速度来说至关重要。对于要求非常精密的家具设计，设计师可以先在 Photoshop 里对位图进行编辑处理，生成最佳的材质效果再进行贴图。

②基本几何体的基础工具修改器。一般常用到的修改器有编辑多边形、编辑法线、编辑网格、挤压、倒角、优化等，掌握这些常用的修改器对设计师提高设计速度来说非常关键。设计师只有对各项修改器都十分熟悉，在设计过程中才不至于出现手忙脚乱的局面，耽误总体设计进程。

③灯光的合理运用。在家具设计中合理运用灯光，能够非常恰当地营造一种基调，对于整个设计的外观效果至关重要。灯光有助于表达情感，引导观众的眼睛。在灯光的设计中，我们一般用"三点照明法"，即主光、辅助光、背光。主光作为主光源提供整体照明，辅助光作为副光源烘托整体气氛，背光同样也作为副光源主要起点缀作用。

（3）三维建模技术在家具设计中的应用

在 Autodesk Cad 软件绘制好三视图之后，我们便可以在 3D Max 中进行建模编辑了，在 3D Max 建模完成以后，需要用到的是材质编辑器，它可以方便快捷地对家具设计的色彩、贴图、自发光、透明、凹凸、反射/折射等参数进行修改和控制，以达到设计的最终效果。为了得到理想的家具设计效果图，必须对环境进行必要的编辑处理，主要有光源（包括环境光、闪光灯、聚光灯）、背景设置、照相机安装等，处理完毕后就可进行效果渲染，并得到一幅精美的家具设计图。Autodesk 公司在设计 3D Max 软件之初，就预留了与 Auto Cad 的转换接口，以便将 Auto Cad 的 dwg 格式文件直接导入进行编辑。在 3D Max 的四个视口中可以直观地对家具的三视图进行观察，既弥补了 Auto Cad 软件功能性的不足，又直观地表达出了设计师的意图，方便设计师制图观察。对于最后的渲染出图，3D Max 也同样进行了优化，设计师可根据不同级别要求的设计进行变相的渲染出图。

2. 家具制造工艺图纸的绘制

在家具效果图和模型制作确定之后，整个设计进程便转入制造工艺环节。家具制造工艺图纸是家具新产品设计开发的最后工作程序，是新产品投入批量生产的基本工程技术文件和重要依据。家具工艺图必须按照国家制图标准（SG137—78 家具制图标准)绘制包括总装配图、零部件图，以及加工说明与要求、材料等方面的内容。

①装配图：将一件家具的所有零部件按照一定的组合方式装配在一起的结构装配图，或称总装图，如图 5-3。

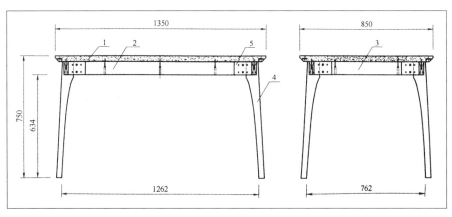

图 5-3　餐台装配图（单位：mm）

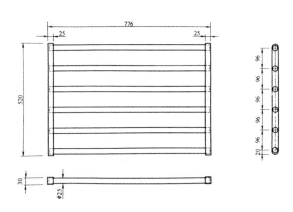

图 5-4　挂裤架部件图（单位：mm）

②部件图：家具各个部件和制造装配图，介于总装图与零件图之间的工艺图纸，简称部件图，如图 5-4。

③零件图：家具零件所需的工艺图纸或外购图纸，简称零件图，如图 5-5。

④大样图：在家具制造中，有些结构复杂而不规则的

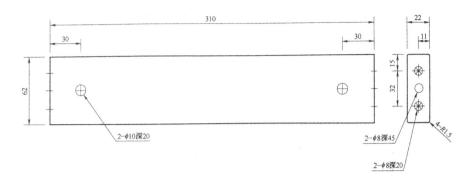

图 5-5　餐椅前横零件图（单位：mm）

特殊造型和结构，对不规则曲线零部件的加工要求，需要绘制 1:1、1:2、1:5 的分解大样尺寸图纸，简称大样图，如图 5-6。

　　家具制造工艺图纸也是整个设计文件的重要组成部分，设计者需要熟悉、了解具体的生产工艺、产品结构、材料，以及需要外购加工的零部件。由于家具的标准化、部件化程度越来越高，有许多零部件可采用市场通用的标准成品，从而进一步降低开发成本，便于批量生产。家具工艺图纸要严格进行档案管理，图号图纸编目要清晰，底图一定要归档留存，以便不断复制和检索。

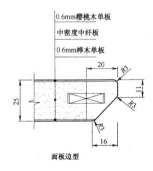

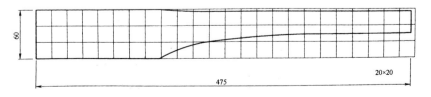

图 5-6　床头柜脚大样图（单位：mm）

第五节 其他先进的设计技术

20世纪90年代以来，全球经济由工业经济步入知识经济时代，随着计算机辅助设计、计算机辅助制造、计算机数控加工、计算机柔性制造系统、计算机集成制造系统等高新技术在现代家具制造中的逐步推广应用，家具制造业发生了革命性的变化，这一传统产业得到巨大的提升。

1. 数控加工新技术

将计算机技术应用于家具的设计与制造，是家具制造业从传统手工艺制造进入大批量机器生产后的又一次新的飞跃。计算机数字控制（Computer Numerical Control）简称 CNC，是指用数字化信号对机床运动及其加工过程进行控制的一种制造加工技术。计算机数控加工中心是技术密集型及自动化程度很高的机电一体加工设备。它综合应用了自动控制、计算机技术精密测量和机床结构方面的最新成就，适用于单件、小批和中批产品的制造。

图 5-7 CNC 加工中心

数控加工中心是集锯切、刨削、钻孔、铣孔、砂光、封边、镶边等工序为一体，在定好基准后，由计算机数字控制，完成多项加工的全自动、高效率的现代家具制造设备。全世界最先进的现代家具制造装备主要由德国和意大利设计制造，其中以德国设备最为精良。现以德国豪迈（HOMAG）集团的 CNC 加工中心（图 5-7）为例，来说明 CNC 加工中心的基本功能及应用。

程序设计可以在设备上进行，也可在个人电脑上进行，还可以使用设备远程下载制造公司免费的程序。总之，CNC 加工中心是一种一机多用、程序设计简捷、生产效率高的现代家具制造设备，由于具有多功能性，因此非常适合于多品种、小批量的工业化生产。目前，先进国家的家具制造越来越多地采用 CNC 加工中心来完成，逐步淘汰传统的组合机床。CNC 加工中心的使用，使生产车间的设备数量大大减少，工艺流程也相应缩短，减少加工基准的数量，提高加工精度和生产设备的利用率，同时简化了生产管理，缩短了生产周期。但是采用 CNC 加工中心，使用设备的技术含量提高，设备调整、维修、应用都需要熟练掌握计算机应用技术，这对工人的知识、文化和技术水平要求较高。

2. 柔性制造新工艺

世界家具制造业正在从单品种、大批量生产转向多品种、小批量生产，随着多元化社会和个性化消费时代的来临，家具产品正在从实用型向时尚化、艺术型转变，家具产品的更新换代速度越来越快，国际与国内的市场竞争也日益激烈。为了满足市场变化与消费者需求，最大限度地利用原料和加工技术设备，使生产小批量或者单件产品时具有批量产品的效率，欧美等先进国家相继推出了柔性制造系统以适应这种变化的需求。

柔性制造系统（FMS，全称为 Flexible Manufacturing System）是一个由计算机处理系统、控制系统、数控加工系统和原辅材料的自动储运系统有机组合而成的整体。它可以按一定的顺序加工一组不同工序和加工节拍的工件，能适时地、自由地调度管理。柔性加工系统可以在设备的技术性能范围内，自动适应加工工件的品种和生产批量的变化，以获得加工系统的最大利用率。

家具柔性生产工艺是 20 世纪 80 年代后期发展起来的高新综合技术产物。随着计算机辅助设计、制造和检测技术的进一步完善，人们试图发展一种将三者结合在一起的系统，以完成从设计、制造到检测的柔性加工系统。20 世纪 60 年代末，该系统在机械加工业和汽车制造业中被最先应用，1983—1985 年，意大利一些公司推出了家具生产柔性系统，主要用于窗框的工艺加工，其在 8 小时内可以变换 25 项工艺加工，停机时间不超过工作时间的 5 ％（24 分钟），加工窗框的生产效率为 2 至 5 分钟一件，由计算机数控调节刀具、导板定位，以及工件定位和长度调节，正常运转的系统最低批量限度为 5—6 件。

在木制品生产工艺和机械的发展过程中，科学技术的进步始终是其动力和保证。进入 20 世纪 80 年代后，大量的新技术、新工艺开始投入使用。这些技术在一定程度上取代了过去人为的生产组织管理，改善了各个独立生产操作单元的联系。因此，计算机集中组织管理生产工艺过程是柔性技术的核心，是柔性生产工艺的技术前提和保障。它不仅是对生产工艺中的某一阶段的管理，更是对整个生产过程和生产系统的综合与优化处理。它是计算机技术不断发展并应用于木制品生产的结果，并将伴随着计算机技术的进一步发展而进步。

企业的技术水平和文化素质对柔性生产有直接的影响。柔性加工工艺技术以计算机数控技术为基础，以企业人的技术、文化素质为基本保障，在一定程度上是企业实力的综合体现。如一条变通机床组成的生产线，掌握在一批优秀的产品开发设计和操作人员手中，生产线可以以最大的柔性应付变化的产品市场需求。另外，在数控机床组成的柔性加工系统中，由于数控系统的编程、开发对员工的文化和专业技术素质要求很高，如果在产品开发设计、机床使用操作和产品质量控制检验等多方面不具备全面的技术支持和保证，那么这些机床与变通机床的盗用就相差无几。因此在组成柔性生产工艺线的同时，企业整体员工的技术水平和文化素质必须要与其相适应。总之，企业全体员工的技术文化素质是使工艺流程柔性充分发挥的客观基础和保证。加工工艺的复杂程度、产品自身的生命期或市场寿命、工艺方案的设计等，都是配置柔性时需要考虑的因素。

3. 集成制造系统

将柔性制造系统的应用突破部门的限制，把各个部门的技术系统，如计算机辅助设计系统、计算机辅助工艺过程设计（CAPP）、计算机辅助加工（CAM）、计算机质量保证系统（CAQ）、生产信息管理系统（MIS）、自动化制造系统（MAS）等用中心计算机集成起来，就是计算机集成制造系统（Computer Integrated Manufacturing System，简称 CIMS）。

CIMS 是从市场预测开始，把产品设计、生产计划、工艺规划、加工制造直到销售经营等一系列工作组合起来，形成一个企业的计算机控制网络，使整个企业集团具有统一的信息管理系统和控制系统。

CIMS 是制造工程中的一项高技术，它集中地反映了当代加工技术、自动化技术、计算机技术、通信技术、信息处理技术的最新科研成就。CIMS 的基本组织包括设计自动化子系统、管理自动化子系统、加工制造自动化子系统和支撑集成的工厂自动化通信网络和数据库系统。

CIMS 的数据库具有支持产品设计、规划、制造、检测、生产管理、经营管理等全部生产过程所必需的数据，并具有多种机型和系统的集成管理能力。CIMS 以集成数据库为中心，借助计算机系统和网络把数据传送到各个自动化设备上，并能有效地控制和监督这些自动化设备的运行。CIMS 的中心是集成，集成度的提高可以使各种生产要素之间的配合得到更好的优化，从而使企业获得最佳整体效益。

采用 CIMS 的企业，可以降低设计成本，缩短生产周期，提高生产率，保证产品质量，实现少批量、多品种的生产，弥补工业化生产的不足。CIMS 可以使计算机设计—图形输入—零件制造一体化，使顾客参与设计，使即时化（JIT）的生产与销售成为现实。它从根本上解决了自工业革命以来长期无法解决的标准化与多样化的矛盾。由于 CIMS 的种种优越性，它成为家具制造工业领域的主要发展方向。

4. 虚拟现实技术

虚拟现实技术（Virtual Reality）简称 VR，又称灵境技术，这一名词是由美国科学家拉尼尔（Jaron Lanier）在 20 世纪 80 年代初提出的，是一项涉及众多学科的高新实用技术。它集先进的计算机技术、图形图像技术、仿真技术、微电子技术、高度并行的实时计算技术及人的行为学等研究于一体，利用计算机生成一种虚拟环境，通过各种传感设备使用户投入到该环境中，实现用户与该环境直接进行自然交互。它能使用户产生一种沉浸于虚拟环境的感觉，并能够实时地操纵虚拟环境中物体的运动，使使用者能够在其中漫步、环顾，所以又有人称之为"人工幻景"。

虚拟现实的基本特征包括沉浸感、交互性、创意性。

（1）虚拟现实系统的组成

虚拟现实系统由两部分组成：一部分为创建的虚拟世界（环境），另一部分为介入者（人）。虚拟现实的核心是强调两者之间的交互操作，即反映出人在虚拟世界（环境）的体验。虚拟现实系统包含检测模块、反馈模块、传感器模块、控制模块和建模模块。

（2）虚拟现实系统的分类

根据用户参与 VR 的不同形式以及沉浸的程度不同，我们可以把虚拟现实技术划分为四类：

① 桌面式 VR 系统

桌面式 VR 系统（如图 5-8）仅使用个人计算机和低级工作站来产生三维空间的交互场景。它把计算机屏幕作为用户观察虚拟环境的一个窗口，参与者需要使用手拿输入设备或位置跟踪器，来驾驭该虚拟环境和操纵虚拟场景中的各种物体。

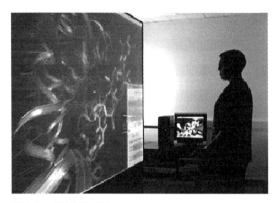

图 5-8　桌面式 VR 系统

在桌面式 VR 系统中，参与者虽然是在监视器面前，但可以通过计算机屏幕观察 360 度范围内的虚拟环境；可以通过交互操作，使虚拟环境的物体平移和旋转，以便从各个方向观看物体；也可以利用"进入"（through walk）功能在虚拟环境中浏览。但参与者并没有完全沉浸，他仍然会受到周围现实环境的干扰。桌面式 VR 系统虽然缺乏完全的沉浸感，但它比较普及，这主要是由于其成本较低。

②沉浸式 VR 系统

沉浸式 VR 系统（如图 5-9）利用头盔显示器（如图 5-10）和数据手套等各种交互设备把用户的视觉、听觉和其他感觉封闭起来，使用户真正成为 VR 系统内部的一个参与者，并能利用这些交互设备操作和驾驭虚拟环境，产生一种身临其境、沉浸其中的感觉。常见的沉浸式系统有：基于头盔式显示器的系统、投影式虚拟现实系统、远程存在系统等。

图 5-9　沉浸式 VR 系统

与桌面式 VR 系统相比，沉浸式 VR 系统的主要特点在于具有高度的实时性能以及沉浸感。能支持多种交互设备并行。

③叠加式 VR 系统

叠加式 VR 系统在允许用户对现实的世界进行观察的同时，通过穿透型头戴式显示器将计算机虚拟图像叠加在现实的世界之上，为操作员提供与他所看到的

图 5-10　VR 头盔显示器

现实环境有关的、存储在计算机中的信息，从而增强操作员对真实环境的感受，因此它又被称为补充现实系统。与其他各类 VR 系统相比，补充现实式的虚拟现实可以增强现实中无法感知或不方便感知的感受。通过这一系统，人们可以按日常的工作方式对周围的物体进行操作或研究，但同时又可以从计算机生成的环境中得到同步的、有关活动的指导信息。

④分布式 VR 系统

分布式 VR 系统是指基于网络的虚拟环境。它在沉浸式 VR 系统的基础上，将位于不同物理位置的多个用户或多个虚拟环境通过网络相连接，并共享信息，从而使用户的协同工作达到一个更高的境界。

（3）VR 建模的基本内容

虚拟现实中的建模经历了从几何建模、物理建模到行为建模的发展进程。三者结合起来，才可以构造一个能够逼真地模拟现实世界的虚拟环境。

①几何建模

几何建模是虚拟现实建模的基础。形象地说，几何建模描述虚拟对象的形状以及它们的外表（纹理、表面反射系数、颜色等）。几何建模可以进一步划分为层次建模法和属主建模法。

②物理建模

物理建模是在建模时对对象物理属性的描述，包括定义对象的质量、重量、惯性、表面纹理光滑或粗糙度、硬度、形状改变模式（橡皮带或塑料）等。

③运动建模

在虚拟环境中，仅仅建立静态的三维几何体还是不够的，物体的特性还涉及位置改变、碰撞、捕获、缩放、表面变形等。

④行为建模

几何建模与物理建模相结合，可以部分实现虚拟现实"看起来真实、动起来真实"的特征，而要构造一个能够逼真地模拟现实世界的虚拟环境，必须采用行为建模方法。行为建模处理物体的运动和行为的描述。如果说几何建模是虚拟现实建模的基础，行为建模则真正体现出虚拟现实的特征。虚拟现实的自主性，简单地说是指动态实体的活动、变化以及与周围环境和其他动态实体之间的动态关系，它们不受用户的输入控制（即用户不与之交互）。例如战场仿真虚拟环境中，直升机螺旋桨不停旋转。

5. 软件一体化技术——以尚品宅配圆方软件为例

尚品宅配的商业模式就是通过免费的设计服务，为顾客提供个性化的全屋定制。其设计服务的核心，一是设计的专业性，能让客户折服；二是效果图的漂亮程度，能够极大地吸引客户。尚品宅配所使用的软件系统，突破了传统设计服务的瓶颈，就像有一个设计大师时刻陪伴在每一位设计师身边一样。

尚品宅配的软件系统将大量用网络连接的计算资源统一管理和调度，构成一个设计资源池向用户提供按需服务，这个资源池中拥有海量的设计方案，可以让设计师在与客户交流的同时明确客户的需求，甚至当场确定设计方案。其方案效果图制作效率高，相同参数设置下效果更加真实。

圆方软件操作简便，几乎不需要设计师花费时间去建模。一位设计师从开始制作到渲染出图平均只需要一个小时左右，这样的工作效率不仅大大减轻了设计师的负担，同时还增加了客户对尚品宅配的好感度。圆方软件渲染出的效果图真实感较强，光影效果可以满足客户的需求，与国内同类软件相比较为优越。设计师在使用圆方软件的过程中，从接单开始算起，到制作好效果图并得到客户认可后下单，大致需要经过如下步骤：与客户交流并到客户家中进行量尺，用手机中的量尺宝进行尺寸标注、上传；在圆方软件中找出与客户家相同的户型图，并根据之前上传的量尺记录进行室内空间建模；打开圆方软件中的"方案宝"进行相似户型参考，并可调入户型；家具建模，制作与客户协商好尺寸的家具模型；渲染效果图；利用圆方软件中的"下单宝"进行下单。设计师使用圆方软件的流程图如图 5-11 所示。

图 5-11 圆方软件流程图

圆方软件号称拥有"比房地产公司还要丰富的户型图资源"，这也省去了设计师制作户型图的步骤，大大提高了设计师的制图速度。房间中的门窗等也不需设计师单独制作，在圆方软件中已经有现成的，设计师只需要选择，输入它们的实际尺寸，并将其放置在对应的位置即可。圆方软件的建模界面如图 5-12 所示。

圆方软件中的一款非常优秀的应用就是"方案宝"。方案宝中存有海量的室内设计效果图，并按照不同设计风格、设计亮点和套餐组合等进行分类，图5-13所示为方案宝应用界面，方便设计师寻找、调用各种案例。方案宝中的模型并不是供设计师免费使用的，而是以积分的形式出售。积分是尚品宅配的设计师兑换电子产品的"货币"，每完成一定的任务量，设计师就能够获取相应数量的积分。

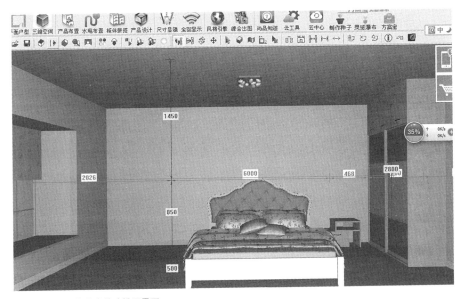

图5-12 圆方软件中的建模图界面

图5-13 方案宝应用界面

方案宝对于尚品宅配的设计师来说，不仅仅是一位常伴左右的顶尖设计大师，还是鼓励设计师多创新、多输出的激励大师。方案宝中的绝大多数效果图都是尚品宅配的设计师自己制作并出售的，设计师不仅可以在方案宝上购买方案，还可以自己制作并出售方案。因此尚品宅配的优秀设计总是层出不穷。

设计师可以根据客户对室内风格的喜好，从方案宝中寻找户型相同、风格相近的室内效果图。设计师在购买（已购买的效果图存储在设计师个人的素材库中）后，可将其直接调入正在制作的户型中，并根据与客户协商好的家具样式、尺寸和颜色等进行修改。调入方案宝中的素材的方式如图 5-14 所示。

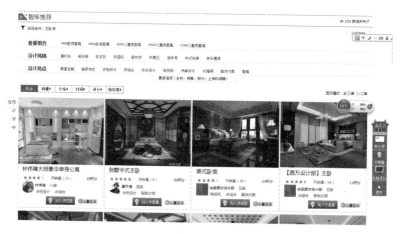

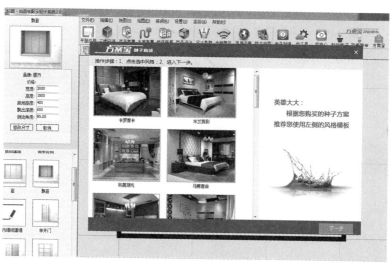

图 5-14　调入素材

　　尚品宅配公司的家具产品全部经过建模并存储在了圆方软件中，因此设计师在进行家具建模这一步骤时并不需要花费太多时间去制作模型，只需要导入已经存在的家具模型，根据实际需要设置家具的尺寸、颜色以及面板种类与零部件类型等即可。这样的制作方式既节省了时间，又保障了模型制作的精准性，可谓一举两得（图 5-15、图 5-16）。

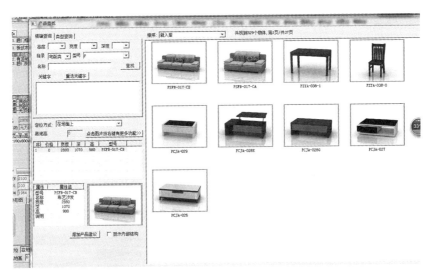

图 5-15　导入家具模型界面

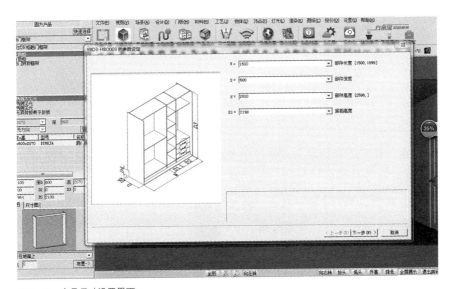

图 5-16　家具尺寸设置界面

模型建好之后，设计师只需给室内布置好灯光就可以渲染了。布光过程非常简单，只需要选择需要的光源，然后在俯视图中点击相应位置即可，圆方软件会根据所选光源的类型自动识别位置，如筒灯光源可以自动识别并贴合到屋顶。

用圆方软件进行效果图渲染，速度快、质量也较好，一张较为复杂的效果图大概只需半个小时就可以渲染完毕（图5-17）。

图5-17 渲染效果图

效果图制作好之后就可以利用圆方软件中的"下单宝"向工厂下单了，非常方便。

下单前，软件还会自动生成报价单和尺寸图（图5-18、图5-19），便于设计师与客户、工厂等交流沟通。

至此效果图制作的步骤已基本完成。上文中所说的"方案宝"允许设计师上传自己的设计方案赚取积分，这使用到了"方案宝"中的"种子制作"功能，如图5-20所示。制作好种子之后就可以检查、上传了。

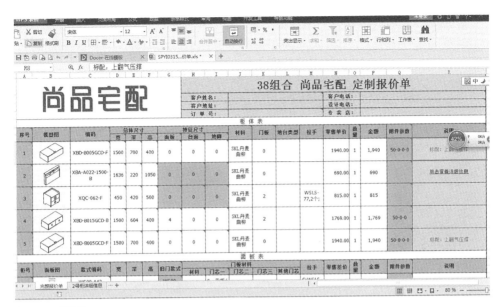

图 5-18　报价单

图 5-19　尺寸图

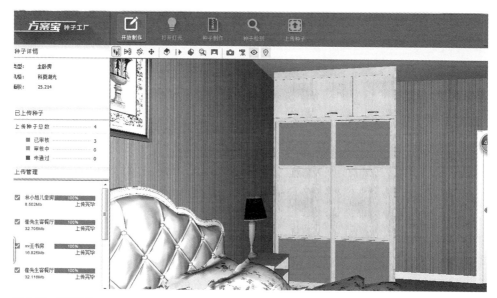

图 5-20　制作种子

课后讨论

1. 简要说明各种家具设计技术的优缺点。

2. 分别用手绘法和电脑软件设计一件家具。

第六章 | Chapter 6
家具设计的开发实践案例

第一节　某企业办公家具设计案例

1. 办公空间环境分析

（1）办公空间功能分类及需求分析

①办公空间的功能分析

办公空间功能区域主要可以划分为办公、接待、会议、陈设储藏等。

②使用者对办公家具的需求分析

办公红木家具主要可以分为桌案类、椅凳类、柜格类、床榻类、屏座类等类别，其中每类产品的功能侧重点有所不同。具体的功能区别如表 6-1 所示。

表 6-1 不同类别的办公家具功能需求

	核心功能	基本功能	辅助功能
桌案类	撑	支撑、承放	储藏等
椅凳类	坐	靠、倚	折叠等
柜格类	储	收纳	防尘等
床榻类	躺	休息	保暖、舒适等
屏座类	隔	支撑、承放	储藏等

（2）使用者对该企业办公家具使用情况的调研分析

①使用者的动态行为分析

调研采用了观察记录法，记录了 5 名测试者在准备状态、自然办公状态和读书看报等活动下使用该品牌办公家具的动态行为。

a）测试者 1 的准备状态活动

由测试者 1 的动态坐姿，可以发现，圈椅的座面高度比现在一般的椅子要高，主要搭配脚桄使用。圈椅除了坐的功能外，还具有营造室内文化氛围的作用。椅圈由于尺寸较大，不适于女性双手搭放，更适于侧坐和倚靠。椅圈顺势围成三面，使得倚靠比一般椅子更加舒适且具有形体美感（图 6-1）。

图 6-1　测试者 1 的准备状态活动

b）测试者 2、3 的自然办公状态活动

由测试者 2、3 进行办公活动的动态行为分析。可以发现，办公桌和办公椅在深度和宽度上尺寸偏大。人体背部不能靠到椅子背部，两边扶手很难够到。在办公状态下，藤面很难发挥真正缓解臀部压力的作用（图 6-2、图 6-3）。

c）测试者 2、4、5 的读书看报活动

对于身高较高的男士，台面高度较低，不能满足跷腿的动作。看书时无论是男士还是女士常常处于前倾的坐姿，并不能靠到椅子背部，长时间容易产生疲劳。

②不同功能区域使用场景分析

可将办公家具以空间维度划分为办公活动区、储藏区、休息区和装饰区四个区域，下文将分别进行详细的功能及使用情况分析。

a）办公活动区

办公活动区主要由桌、椅、柜组成。桌上常设电器设备、置物收纳工具、台历台画等。场景分析可发现日常使用中的桌类产品经常遇到的问题有：电脑等设备线比较乱；桌面物品收纳功能需进一步合理化；写字台下网格不固定，常被推来推去。椅类经常遇到的问题有：椅子尺寸偏大，与书桌不配套；扶手够不着；靠背支撑不服帖，挪动不方便等。柜类产品常遇到的问题有：离书桌太远；不防尘等（图6-4）。

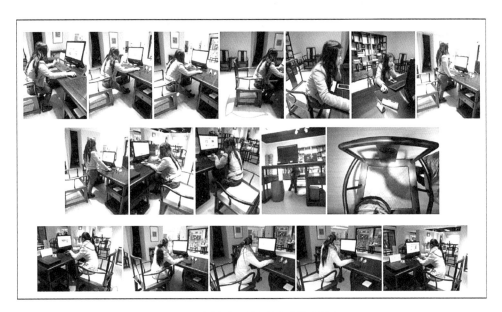

图 6-2　测试者 2 的自然办公状态活动

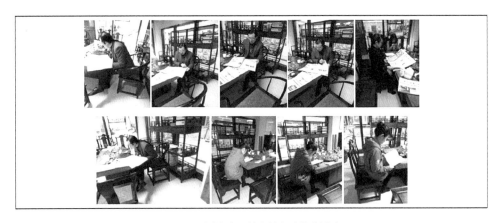

图 6-3　测试者 3 的自然办公状态活动

图 6-4 办公活动区场景分析

b）储藏区

储藏区由书柜、书橱、架格等家具构成。传统书橱书柜的主要问题有储藏功能划分较少，存放的物件较少，收纳能力较弱；格的主要问题是无门、易积灰、不防尘，往往只有几层，收纳能力弱；架的主要问题为划分为一块块的方形区域，对置物的尺寸有一定的要求（图 6-5）。

图 6-5 储藏区场景分析

c）休息区

休息区的陈设主要有茶桌、茶椅、榻、禅椅、两椅一几等形式，分别满足人们聊天、品茶、会友、小憩、修身养性的不同需求（图6-6）。因为休息区是为人们工作之余提供休闲、放松的场所，家具的空间布置应以简单舒适为主，桌椅的高度略低于工作时的桌椅高度且造型轻便易于移动。

图6-6　休息区场景分析

d）装饰区

装饰区主要通过字画、盆景绿化、瓷器插花、工艺品陈设等方式来展现。常见的形式有临墙而设两椅一几或条案花几，几上承瓷器插花、盆景绿化、工艺品等，墙上挂字画，有时放上古木古琴，更显韵味。

字画用于室内装饰，可以增加人文气息。其外框主要有正方型、横幅型、卷轴型这三种形式，其装饰形式并不多。人们发现，适当增加留白空间，改变字的底色和内边形状，亦可有效地调节室内气氛（图6-7）。

图6-7　装饰区场景分析

　　盆景绿化装饰在整体上提亮了室内空间的色彩，增加了生机与活力。由于红木办公家具的材色大多偏深偏暗，往往给人沉着稳重、端庄高贵的印象。盆景绿化为自然生物，在色彩上鲜艳明快，往往可以调节室内气氛，给人活泼舒畅的感觉（图6-8）。

图6-8　装饰区场景分析

　　③结论

　　通过以上分析，得出以下几点结论：

　　第一，圈椅的座面高度决定在使用时需配合圈椅管脚枨。

　　第二，写字台和配套椅尺寸偏大时，人的手臂伸开所及范围小于桌子的长度，有些物品无法在坐姿下触及。即使是身材高大的魁梧男士，双臂也很难搭在扶手上，工作时主要靠台面支撑手臂，肘部压力大，易形成疲劳。

　　第三，圈椅、南官帽椅在作休闲功能的家具使用时，靠背能充分发挥支撑人体背部的功能，但却不能有效承托手臂，人的双手往往处于悬空的状态。

　　第四，休闲茶台和茶椅，往往并不配套。茶台的高度需满足泡茶的操作功能，又不影响人腿部的摆放。此外，茶桌还需考虑净水流入、烧水操作、污水排放的系统水处理问题和多位男士同时抽烟的烟灰处理问题。

　　第五，两人或多人同时使用写字桌时，配套桌椅的功能不能满足。单张椅子单人使用偏大，两人使用偏小，两张椅子并排使用不便，往往会产生磕碰的问题，不利于红木家具的保养。

　　第六，由于现代电器设备的引入，办公区需解决电脑、键盘、音响、扫描仪等设备的走线问题，常用办公物品及书籍的收纳问题，桌、椅、柜的配合使用问题。

　　第七，储藏区的家具需合理划分功能、防尘、增加收纳储藏能力等问题。

　　第八，装饰区的陈设多样，应色彩鲜明而具有生机，起到点缀作用，打破红木家具固有色彩带来的沉闷感。

2. 设计响应

（1）设计策略制定

①理论基础

市场细分（Market Segmentation）的概念是美国营销学家温德尔·史密斯（Wendell Smith）在 1956 年最早提出的；此后，美国营销学家菲利浦·科特勒（Philip Kotler）进一步发展和完善了温德尔的理论并最终形成了成熟的 STP 理论（市场细分，Segmentation；目标市场，Targeting；市场定位，Positioning）。它是战略营销的核心内容。

市场是一个综合体，是多层次、多元化的消费需求集合体，任何企业都无法满足所有的需求，企业应该根据不同的需求、购买力等因素，把市场分为由相似需求构成的消费群，即若干子市场，这就是市场细分。企业可以根据自身战略和产品情况从子市场中选取有一定规模和发展前景，并且符合公司的目标和能力的细分市场作为公司的目标市场。随后，企业需要将产品定位在目标消费者所偏好的位置上，并通过一系列营销活动向目标消费者传达这一定位信息，让他们注意到品牌，并感知到这就是他们所需要的产品。

②决策归纳

综合各类调研数据，红木办公家具市场按不同消费群体可分为收藏型市场、投资型市场、大众消费型市场等（表 6-2，6-3）。

表 6-2　市场及消费群细分

市场类型＼消费群体	收藏型市场	投资型市场	大众消费型市场
主要年龄段	50 后 ~60 后	70 后	80 后
可支配年收入	600 万以上的高净值消费群	10~600 万的富裕消费阶层	5~20 万的中产阶级和中等富裕消费者
地域	北京、福建、广东、上海	珠三角、长三角、北京及周边	全国
特点	经济富裕、事业有成、家庭稳定，常为夫妻二人，子女成人，能够另立家庭独立生活	事业小成，工作家庭稳定，有独立的 3~4 口之家	有一定的经济基础，工作相对稳定，计划结婚或已经结婚
购买模式／购买决策者	朋友圈（高档会所、藏品展厅）／丈夫	厂家、卖场、品牌店／丈夫	网络—实体／丈夫
住宅形式	别墅	别墅、套房	套房
房间面积	按家具配置	10~20 平方米	10~15 平方米

表 6-3   目标市场及产品特征界定

市场类型 / 产品特征 / 产品使用者	收藏型市场 男性为主	投资型市场 男性为主（考虑小孩）	大众消费型市场 男性为主
产品类型	经典仿制、适度改良	经典及市场成熟产品	经典及探索创新产品
产品材料	檀香紫檀、降香黄檀	交趾黄檀、卢氏黑黄檀	红酸枝木类、花梨木类
产品风格 / 产品种类	明式、清式 / 按情况定	明式、清式、欧式 / 按情况定	明式、清式、新中式 / 按情况定
产品定价	50 万以上	10~50 万	20 万以内（5 万一个档）
产品开发周期	1~2 年	1~2 年	1~2 年

这里可选取以上三个类型中的大众消费型市场进行新中式家具的设计尝试，拟设计品牌 A，以在消费者心中树立起创新探索性企业的新形象，把中式文化带进大众富裕消费者的生活（表 6-4）。

表 6-4   市场定位细解

市场类型 消费群体	大众消费型市场	市场类型 消费群体	大众消费型市场
主要年龄段	80 后	产品使用者	男性为主
可支配年收入	5~20 万的中产阶级和中等富裕消费者	产品类型	探索创新产品
地域	全国	产品材料	花梨木类刺猬紫檀
特点	有一定的经济基础，工作相对稳定，计划结婚或已经结婚	产品风格	新中式
购买模式	网络—实体	产品种类	桌、椅、柜
购买决策者	丈夫	产品定价	10 万元 / 套
住宅形式	套房	产品开发周期	1 年
房间面积	10~15 平方米		

（2）设计响应

①基于消费者需求的响应

a）产品

产品种类主要以写字台、配套椅类、书柜为主，茶具休闲类产品为辅。大众消费型的产品材质以酸枝木和花梨木类为主，新产品开发可以选取原材料价格比较便宜又有一定市场接受度的花梨木类刺猬紫檀。产品风格可以考虑偏简约型的新中式风格。设计产品时注重红木家具的传统工艺和用材，充分利用木材的特性，如纹理、密度等。针对品牌关注度不高的问题，企业应该关注产品在造型外观上的统一识别特征，以在一个相对较长的时期内培养消费者的忠诚度。

b）购买者

考虑到现代人对产品与室内设计搭配的关注度，产品设计时，应考虑成套设计，并有一定的呼应，与室内风格有一定的兼容性。付款方式以定金加尾款的方式为主，可适度推广分期付款和贷款的方式。

c）产品定价

对大众消费型的购买者，产品的定价应尽量控制在一套 10 万元以内。产品的设计周期 1 至 3 个月，打样、试生产、市场推广及扩大生产周期为 3 至 6 个月，设计产品应该满足 1 至 3 年后的消费者需求。考虑到消费者的购买习惯，应尽量在有品质保证的大卖场或有影响力的自主品牌店进行推广销售，在条件不允许的情况下，应考虑在一线城市设置销售点，并考虑产品价格带来的优势。

②基于竞争调查的响应

a）竞争环境

文件法规：企业经营的红木办公家具应符合国家标准及红木家具通用技术条件。企业经营的红木办公家具用材应符合 ITES 公约。

经济：针对部分消费者将红木作为投资、保值的一种渠道，变现难题值得引起企业关注。有实力的企业除了溢价回购自有品牌的家具产品，还可初步拟定回购、利用其他品牌产品的方案，实现消费者和商家之间更流畅的沟通。

文化：面对目前红木办公家具设计薄弱的问题，企业可用价格偏低的材料进行新产品开发，再根据市场反应决定生产规模。面对国际国内保护珍贵木材的呼吁声越来越强，企业应合理规划木材的使用。

针对产品已经出现的规模化、区域化的发展，企业应把握好市场份额和经济上已经取得的成果，并在艺术风格和文化上有所突破，形成真正有自己鲜明特点的产品风格。

b）竞争品牌

由于市场细分程度的问题，企业可以考虑建立专门的品牌以适应人们对办公产品的独特需求。另外，一线城市由于房价高，必然导致房屋面积有一定的局限性，据调查多在 10—15 平方米左右，房高为 2.6 米、2.8 米左右。针对一线城市的共性，企业完全可以开发专门的产品，使其外观尺寸和座高更符合现代人的生活习惯。也可经营专门的材种，充分挖掘某材料的特性。

c）竞争产品

在风格上，目前明清风格产品出现大量仿制品，不需要设计研发，产品上市周期短，易于被市场接受，但也出现了产品同质化严重的现象。企业应加强设计意识，从对古家具的借鉴中，设计更适合现代简约风的现代家具。

③基于办公环境分析的响应

a）人的动态行为

在设计新的座椅时应该充分考虑现代人机工程学，在椅款、座高、座深等方面进行调查，以适应现代人长时间坐着工作的习惯。在设计写字桌时，应考虑人的活动范围，椅子与桌面的尺寸搭配，椅背和扶手的有效支撑，座面的舒适性等问题。考虑设计两人或多人能共同使用的写字桌和配套家具。设计人在使用桌、椅、柜时的操作动线，以提高工作效率。

b）家具的静态场景

规划常用办公物品及书籍的收纳功能，参考现代家具的设计方法增加收纳储藏能力。可使用不同的室内装饰陈设品调节室内空间气氛，丰富室内空间色彩，在静谧沉稳中突显清新自然之风，以达到缓解工作疲劳的效果。

3. 设计实践

以某办公空间红木家具品牌设计案例进行分析。

（1）构思来源

以中国传统的祥瑞神兽麒麟为设计灵感来源（图 6-9），提取造型、纹样等元素，设计一组红木办公家具。

（2）设计说明

办公桌大气沉稳，命名为麒麟玉书班台；座椅气势磅礴，命名为麒麟玉书座椅。办公桌的设计动静结合：

图 6-9　设计来源及元素提取

取麒麟瑞兽的外形线条，将之融入书桌的外观造型之中，增加了办公空间威仪和稳重的气势，脚侧部分突显张力，优质的红木赋予家具高贵的气质；书桌的雕花造型活跃灵动，栩栩如生，为家具沉静的气质增添了一份跃动的美感。

（3）设计书房产品

通过前期的设计构思和调研，设计一套办公书桌。主要分为 A、B 两件产品，两件产品均充分吸收了明清家具的气韵特点。A 产品麒麟玉书班台主要满足工作与读写的需求，同时其高档的材质和厚重的质感满足了顾客对身份性象征的需求，其正视图以及设计效果图如图 6-10、图 6-11 所示。B 产品麒麟玉书座椅为办公时的坐具，与 A 产品保持风格的一致性，其设计效果图如图 6-12 所示。

A：麒麟玉书班台

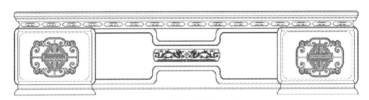

图 6-10　麒麟玉书班台正视图

图 6-11　麒麟玉书班台设计效果图

B：麒麟玉书座椅

图 6-12　麒麟玉书座椅设计效果图

第二节　某品牌老年人卫浴产品设计案例

2014 年我国第一部老龄产业发展蓝皮书《中国老龄产业发展报告（2014）》在北京首发。报告指出，2050 年中国老年人口将达到 4.8 亿，占总人口的三分之一，我国即将成为世界上老年人口最多的国家。我国进入老龄化社会以来，养老问题异常严峻。在这一背景下，我们呼吁更多的设计师关注老年人民用家具设计。这里可以借助卫浴产品的设计案例进行分析，可以发现利用高科技所设计的适合"介助老人"使用的卫浴产品，能切实提高老年人的生活质量。

1."介助老人"的行为特征及情感需要

（1）"介助老人"的生理特征

"介助老人"与日常生活行为完全自理、不依赖他人护理的"自理老人"不同，前者是指日常生活行为依赖扶手、拐杖、轮椅和升降设施等帮助的老年人。"介助老人"年龄一般在 75 岁以上，每天的活动范围在 200 平方米之内，随着身体机能的下降，导致行为能力下降，如关节僵硬、行动缓慢；伴有认知机能与感觉机能的下降，如反应迟钝、听力下降、视觉模糊等特征。"介助老人"的行动技能变得不灵巧，甚至笨拙，所以"介助老人"的卫浴产品设计要根据这些生理特点进行。

（2）"介助老人"的心理特征

人在进入老年之后，生理、心理及社会的变化可能会使他们变得非常敏感、孤独、自尊心强而心理承受能力相对较差。在老年人的居住环境设施中更应该注重塑造适合"介助老人"心理特点的室内空间场所，设置一些恰到好处的用来辅助"介助老人"生活的生活产品。"介助老人"这一特殊群体决定了他们对卫浴产品的使用有一些特别的需求。卫浴产品的设计从造型上来讲不应该过分夸张，使"介助老人"看上去就会产生一种恐惧感和失落感，甚至是拒绝使用的心理。在卫浴产品的设计上，不但要考虑实际使用功能，还要考虑"介助老人"是否愿意接受，体现出对"介助老人"卫浴产品设计的人性化考虑。

2. 养老介助卫浴产品国内外发展现状

随着我们国家老龄化社会加快到来的趋势，老年人日常清洁问题在整个社会比较普遍，无论是政府养老机构，还是一些地产商推出的老年公寓，针对"介助老人"这一特殊的人群，都需要开发一些真正适合他们使用的卫浴产品。但在目前的市场上，适合老年人的家庭生活用品并不多，除了老年人淋浴椅之外，为老年人专门设计开发的卫浴产品更是无迹可寻。尤其是针对"介助老人"卫浴产品这一领域，没有形成一定的规模。然而淋浴椅这一产品外表冰冷，对老人的关注度远远不够，舒适度也不够，没有充分考虑老年人的腰部、臀部的受力问题，更没有保健、按摩等功能。

一些发达国家因较早地进入老龄化社会，养老产业十分发达，市场上专为老年人设计的卫浴产品日趋成熟。以日本为例，日本人常常自豪地宣称自己是喜爱泡澡的民族，家里可以没有厨房，但再小也要有浴室。多数日本人每天都要泡澡，有些甚至一天泡两次以上。但是人上了年纪后，出入浴盆就会十分不便，老人洗澡滑倒造成骨折是十分常见的事故。为了解决这个问题，日本的卫浴企业充分发挥了他们的想象力，设计了很多适合老人用的高科技卫浴产品，既方便又舒适，每一处都体现着对老年人的关爱。因此，日本的老年产品市场在国际上也是处于领头羊的位置。由此看来，自立、安全、便捷、多功能一体化的高科技养老介助卫浴产品值得我们关注。

3. 高科技养老介助卫浴产品设计原则

养老介助卫浴产品，泛指为了方便"介助老人"出入卫生间、洗浴、如厕等行动的卫浴产品设计，是基于老年人的身体特征和生理特征而设计的。养老介助卫浴产品不只是概念，而是在依据人体工学，结合国内老年人消费习惯的前提下设计的产品，充分考虑到安全、健康、实用和无障碍等因素。

（1）人机适宜性原则

由于我国上一代老年人在科技相对落后的社会环境中成长，因此对高科技产品有着较大的抗拒感与恐惧感。许多老年人不会使用手机、不会操作电脑等。所以高科技养老介助卫浴产品应追求人机适宜性原则，卫浴产品的操作与使用应满足老人的生理与心理需求，做到界面简洁、操作简单、功能稳定。例如日本设计师采用DSP 数字信号传输技术，设计出带有自动开闭、自动冲洗功能的全自动坐便器，解决了老人行动不便、认知能力减退，便后忘记冲洗马桶的问题，进而减轻老年人的心理负担和生理不适。德国设计师设计的无障碍浴缸（Barrier Free Bathtub），通过高科技智能控制浴缸边围的升起降落，让老年人方便体验盆浴。老年人进入浴缸后，只需坐在浴缸中间，升起浴缸边围加水，就可以开始洗浴；洗浴完毕后，等待水流尽，降下边围，再离开浴缸。浴缸边围的高度设计成了普通的座椅高度，能够给腿部一个缓冲，更加方便了老人的使用（图6-16）。

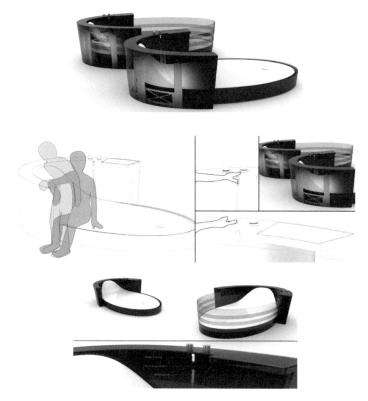

图6-16　德国设计师设计的无障碍浴缸

（2）尺度性原则

"介助老人"随着身体机能的变化，其身体的尺寸也随之变化。据日本资料显示，30—90岁之间，男性身高平均降低2.25%，女性身高平均降低2.5%。因此在设计老年人卫浴产品时，应考虑到老年人的身体尺度问题。

老年人浴缸高度比普通浴缸略高，应为45cm—50cm左右，浴缸长度应在150cm为宜，方便老人进入浴缸。在浴缸内侧应安装高度为60cm和90cm的两层水平扶手，也可安装一层水平扶手和一个垂直扶手。例如日本设计师设计的一款浴缸的裙边可以通过操作盘上的按钮放下，放下之后浴缸内摆放的坐垫的高度和地面之间的落差只有45cm，也正是膝盖的高度，这样老人就可以轻松地坐上坐垫，然后挪动双腿进入浴缸。浴缸里的坐垫能通过操作盘上的按钮实现上下移动，老人进入浴缸之后就可将坐垫放下。浴缸内可以实现的最大水深为 550mm。此外，浴缸对卫生间的空间需求很小，一个长 2m、宽 1.6m 的卫生间就足以安放这样一个浴缸（图 6-17）。

图 6-17　日本设计师设计的一款高科技养老介助浴缸

日本设计师设计的侧开门浴缸，甚至使坐在轮椅上的老人可以直接通过浴缸中的轮椅配套轨道滑至浴缸中，然后将门关上。通过这样的简易操作，老人就可以坐在浴缸里泡澡了。浴缸的底部也需作防滑处理或加设防滑垫，以保证安全。淋浴龙头则采用智能回冷防烫技术，即使抓住整个龙头也不会烫伤（图 6-18）。除此之外，日本设计师还采用 SMA 恒温记忆龙头，具有热水保护功能，水温最高设置在 38 摄氏度，避免人员烫伤。使用者需通过按一个小红按钮才能够设置更高的温度，非常安全。

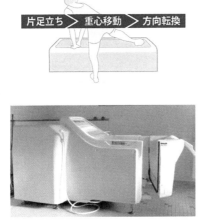

图 6-18　侧开门浴缸

（3）安全性原则

"介助老人"所使用的卫浴产品的造型设计一定要符合安全性原则，避免使用尖角、棱角等元素，多采用带弧线、圆润的形体，以减少磕碰、擦伤等意外发生，给老年人在心理上带来安全感。

（4）易用性原则

易用性原则指易学、高效（简单操作实现目标）、易记（再次使用不用学）。老年人产品最好是零学习原则，就是根据以往经验便可以直接使用，不用专门学习训练。例如为老年人设计的全自动坐便器操作面板，以其按钮大、操作简单、字体明显、配有盲文受到广大老年人青睐。

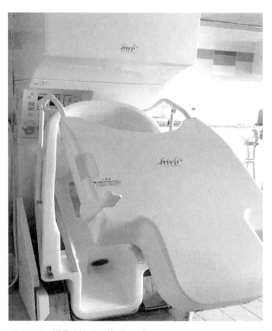

图 6-19　折叠式护理浴槽"Hirb"

在浴缸的易用性设计中，日本设计师设计了一款一键式可自动入浴折叠式护理浴槽"Hirb"。洗浴者坐到 Hirb 浴座上按一下开关就可将自己移动到浴槽中，浴槽就会自动转动并开始供水，然后帮助老人利用气泡洗浴，直到最后完成放水。Hirb 采用一键式设置水温、洗浴时间、水位、浴槽角度、半身浴／全身浴以及是否使用气泡和洗浴液等功能（图 6-19）。

（5）实用性原则

高科技养老介助卫浴产品设计应讲究实用性原则，以提高"介助老人"生活自理能力，延长健康期，推迟护理期为目标。养老介助卫浴产品设计要方便老人使用，并且有利于提高老人的自信心，增进老人机体活动愿望和更长久保持独立生活的能力。日本设计师设计的全自动坐便器，具有喷水冲洗臀部的功能，每次喷水 30 秒，水流的强弱、水温均可以通过按钮自动调节（图 6-20）。这一产品设计中的创新之处在于日本设计师将水箱与坐便器一体化设计，水箱设置在坐便器后方，可容纳 5 升水，使用者添水也较方便。这样，这款全自动坐便器便可以放在床边，解决了部分老人去洗手间如厕困难的问题（图6-21）。为了防止使用过后房间里有异味，这款全自动坐便器还带有除臭功能，只需在控制面板上选择这一功能，坐便器就会从马桶内吸气，经空气过滤装置后排出。此外，这一坐便器的温度也可调节，老年人冬天起床上厕所也不怕受凉。坐便器在扶手设计上，将扶手设计成可拆卸模式，拆掉扶手就能让床上的老人直接平移到坐便器上如厕。不仅如此，坐便器底座高度也可以调节，高度调节范围为35cm—42cm。使用完毕后，坐便器的清洗也很方便，使用者只需给坐便器内胆盖上盖子，然后就可取出清洗（图6-22）。由此看来，这款全自动坐便器设计简约、紧密，功能实际，十分贴近老年人。

图6-20　水流的强弱、温度、坐便圈温度均可以通过按钮自动调节

图6-21　将水箱与坐便器一体化设计

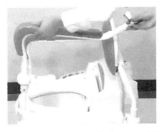
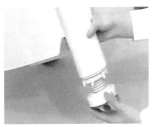

图6-22　坐便器可拆卸扶手、可调节高度及可取出内胆

4. 结语

随着老龄化社会的到来，越来越多"介助老人"需要人们的关注，需要社会的关爱，为了提高"介助老人"的生活质量，应多多设计更加智能化，更符合老人实际需求与精神需求的生活产品，充分发挥设计的价值。

课后讨论

1. 整理一个客厅红木家具设计案例。

2. 简要说明老年家具设计的核心，并设计一组老年家具。

第七章 | Chapter 7
中外经典家具设计赏析

索耐特椅（Thonet Chair，图7-1）
又名维也纳椅，是现代家具开端的代
表作，也是最早的蒸汽压弯曲木椅。
索耐特椅物美价廉，便于运输，其虽
非折叠式设计，但各构件易于拆装。
14号椅整把椅子由一个椅面、6根直
径为3厘米的曲木和10个螺钉构成，
占用的运输空间极小。索耐特椅造型
优美而轻巧，样式多且系列化，是世
界上销量最多的椅子，目前仍在生产。

图7-1 索耐特椅14号椅，1859

麦金托什高靠背椅（Hill House
Chair，图7-2）由格拉斯学派的代表
人物、英国设计师麦金托什设计，偏
向于现代主义的新艺术运动风格。高
靠背椅前宽后窄，由简洁的直线和方
格构成，原本是为凯瑟琳·克兰斯顿
小姐的茶室设计的椅子，高直式风格
的椅子与室内空间的高大窗户和高耸
的护墙板相统一，进一步强化了空间
的垂直感。

图7-2 麦金托什高靠背椅，约1902

图 7-3 帕杜克雕刻扶手椅，1902

图 7-4 红蓝椅，1917—1918

图 7-5 瓦西里椅，1925

帕杜克雕刻扶手椅（图 7-3）由西班牙艺术大师安东尼·高迪（Antoni Gaudi）设计，他是新艺术运动的支持者。此椅子全部由曲线组成，没有一条直线，像刚从土地里长出一般，充满了生机，完全体现出新艺术运动喜爱曲线条，尤其是植物曲线的特点。

红蓝椅（Red and Blue Chair，图 7-4）是风格派代表作品之一，由荷兰家具设计师李特维尔德（Gerrit Thomas Rietveld）受《风格》杂志影响而设计。此椅子整体为木结构，13 根木条互相垂直，组成椅子的空间结构，各结构间用螺丝紧固而非传统的榫接方式，以防有损于结构。此把椅子最初被涂以灰黑色，之后李特维尔德通过使用单纯明亮的色彩来强化结构，红色的靠背和蓝色的坐垫形成鲜明对比。设计师在这一设计中创造的空间结构是开放性的，这种开放性指向了一种"总体性"，一种抽离了材料形式的整体性。这款红蓝椅具有激进的纯几何形态和令人难以想象的形式，是画家蒙德里安作品《红黄蓝相间》的立体化演绎。

瓦西里椅（图 7-5）由设计大师马歇尔·布劳耶为了纪念他的老师瓦西里·康

定斯基而设计，是世界上第一把钢管椅。椅子将钢管、皮革或纺织品结合，布劳耶也是第一位采用电镀镍来装饰金属的设计师。

　　悬臂椅（图7-6）同样由布劳耶设计，充分利用了悬臂弹性原理，其座面、靠背以及扶手都富含弹性。

图7-6　悬臂椅，1927

　　巴塞罗那椅（Barcelona Chair，图7-7）由设计师密斯·凡·德·罗（Mies van der Rohe）于1929年巴塞罗那世界博览会为欢迎西班牙国王和王后而设计，与当时著名的德国馆相协调，体量巨大，显示出国王及王后尊贵的身份。巴塞罗那椅是现代家具设计的经典之作，成弧形交叉状的不锈钢构架支撑着真皮皮垫，两块长方形皮垫组成座位及靠背。椅子当时为全手工磨制，外形美观，功能实用。巴塞罗那椅的设计在当时引起了轰动，地位类似于现在的概念产品。时至今日，巴塞罗那椅已经发展成一种创作风格。

图7-7　巴塞罗那椅，1929

　　柯布西耶（Le Corbusier）的大安乐椅（Big Easy Chair，图7-8）被看作是对法国古典沙发所进行的现代诠释。其简化而暴露的结构直接体现了现代设计的特点，几块立体方皮垫依次嵌入钢管框中，直截了当又便于换洗，是一件高贵而不失便捷的家具。

图7-8　大安乐椅，1929

柯布西耶长躺椅（Chaise Lounger，图
7-9）是柯布西耶为居室设计的最休闲、放
松的一件家具，有极大的可调节度，可调
成垂足坐到躺卧的各种姿势。其由上下两
部分构成，若去除下部的基础支撑构架，
上部躺椅部分可单独当摇椅使用。上下分
开的结构也反映了当时流行的"纯净主义"
概念，给人一种漂浮之感。其上部主体使
用当时流行的弯曲钢管，下部基础为廉价
的生铁四足。

图 7-9　柯布西耶长躺椅，1929

图 7-10　帕米奥扶手椅，1930—1931

帕米奥扶手椅(Pamio Armchair，图7-10)
由设计师阿尔瓦·阿尔托（Alvar Aalto）为
帕米奥疗养院设计。其使用层压胶合板，在
充分考虑功能、方便使用的前提下，造型也
非常简洁优美、轻便而充满雕塑美感。这种
胶合板弯曲技术的运用对之后的板式家具设
计有着巨大的影响和决定性意义。圆弧转折
并非出于装饰，而完全是结构和使用功能
上的需要，靠背上的开口也是为使用者使用
出气口而设置的。帕米奥疗养院建筑设计的
总体风格仍属于 20 世纪 20 年代严肃的国际
式，但这件家具却已表露出北欧学派对于过
度冷漠的国际式的修正。

1930 年阿尔托为维伊普里图书馆设计
了一种叠落式圆凳（Stacked Stool），其中包
含后来被称为"阿尔托腿"的桦木层压 90
度弯曲结构，图 7-11 轻而易举地解决了椅

图 7-11　60 号高凳，1930

凳设计历来的核心难题——面板与承足的连接，并因此于 1935 年获得专利，该椅能够叠落存放。

Z 字椅，又名闪电椅（Lightening Chair，图 7-12），也是李特维尔德的作品，于 1934 年设计。其设计在当时非常大胆。荷兰"风格派"完全拒绝使用任何具象元素，只用单纯的色彩和几何图形来表现纯粹的精神，李特维尔德将这种纯粹精神贯彻到自己的设计中，以 4 块平板以及鸠尾榫的接合搭配，营造出一种 Z 字形的极简风格。

对斜角结构的深入研究与设计，让李特维尔德敢于突破保守思维，改变椅子固有的四条腿的形态。Z 字椅的外观看似脆弱，实际能承受 2—3 个人的重量。它原来是李特维尔德为自己的居所而专门定制设计的，之后由于其独特的造型更加符合现代人的心理与审美诉求，已经被意大利顶尖家具生产商买断并进行工业制造。

图 7-12　Z 字椅，1934

汉斯·瓦格纳（Hans Wegner）于 1944 年设计的中国椅（The China Chair，图 7-13），现在仍在生产。人们按照风格将其类似设计放在一起，这把椅子是汉斯中国系列的第一把椅子。这些椅子由不同公司来做，而且前后有不同厂家的授权变化。

图 7-13　中国椅，1944

中国椅的框架材料有樱桃木和胡桃木两种，坐垫材料为皮革。

　　瓦格纳还用抽象仿生的手法设计了非常经典的"孔雀椅"（Peacock Chair，图7-14），因靠背的形状颇似孔雀开屏的样子而得名。仿生的造型与天然的材料为这款家具注入浓郁的自然气息，质朴中传达出亲切。孔雀椅起源于温莎椅。温莎椅是一种细骨靠背椅，17 世纪出现在英国，18 世纪流行于英美。孔雀椅的细骨条椅背，以及形成孔雀羽翎样子的木节，不仅给人带来视觉上的愉悦，同时也带来了良好的人机功能。

图 7-14　孔雀椅，1947

　　瓦格纳于 1949 年设计的"圈椅"（The Chair，或者 The Round Chair，图 7-15），是设计史上的经典作品。这一设计使得瓦格纳的设计走向世界，也成了丹麦家具设计的经典之作。圈椅是众所公认的瓦格纳最好的作品，被称作"世界上最漂亮的椅

图 7-15　圈椅，1949

子"。1960 年美国总统竞选，在当时的电
视辩论上，总统候选人肯尼迪和尼克松坐
的椅子就是圈椅。后来奥巴马也坐过该椅
子，所以它又被叫作"总统椅"。

　　瓦格纳设计于 1950 年的 Y 型椅（Y
Chair，图 7-16）灵感来自明式家具。其轻
盈优美的外形，去繁就简，使 Y 型椅比明
式家具来得更直接。椅背的 Y 字型设计就
是椅子名字的来源，人工绑上的天然纸纤
坐垫，木材优美的线条与触感，使 Y 型椅
做到了意向上的抽象美与功能上的人机性
的相互结合。

图 7-16　Y 型椅，1950

　　优雅的贝壳椅（Seashell Chair，图 7-
17）也是瓦格纳的经典代表作之一。椅子
设计于 1963 年，但由于当时的技术成本和
工艺问题而被迫停产，直至 1997 年才得以
重现，成为众多设计师及收藏爱好者珍藏
的对象。其拥有灵动流畅的翼状线条及稳
定的三脚腿足；椅身及椅背采用高压成型
技术压制而成；巧妙的人机工程学设计让
人可以轻松舒适地使用。人们还在座板和
后背部分加上了靠垫，使得这款椅子更加
舒适自然。

图 7-17　贝壳椅，1963

　　美国设计师埃罗·萨里宁（Eero Saarin-
en）1946 年设计了"胎椅"（Womb Chair，
图 7-18）。长期以来，提起舒适，人们想
到的便是那种沉重厚实、带有弹簧和软垫

图 7-18　胎椅，1946

图 7-19　伊姆斯椅，1946

图 7-20　伊姆斯摇椅，1950

图 7-21　野口咖啡桌，1944—1948

的沙发或躺椅，但是胎椅却彻底地改变了人们的这种观念。此椅由玻璃钢制成，镀铬铜架上的部分包以装饰材料，虽然又宽又深，但是外形却显得很薄，因此相当轻巧。人们坐在上面可以随意改变坐姿，在伸直腿时可以使背、胳膊和肩膀都有所倚靠，因此相当舒适。

伊姆斯椅（图 7-19）是伊姆斯夫妇于 1946 年为美国海军舰艇设计的座椅。其靠背与座面由 5 层单板模压成型，外形呈有圆角的不规则长方形，座面下有防震胶垫与金属脚架相连，不但符合人机工学，而且整体造型也非常轻巧。

伊姆斯摇椅（Eames Rocking Chair，图 7-20）是伊姆斯夫妇在 1950 年设计的一款十分经典的椅子，诞生至今已有近 70 多年，仍深受人们喜爱。伊姆斯摇椅的设计简洁雅致，椅座外形宛如一朵盛开的郁金香。摇椅表面出模一次成型，拐角圆滑，表现平整，座位、靠背与扶手连成一体，颇具人性化。

20 世纪著名雕塑家野口勇（Isamu No-guchi）设计的咖啡桌（图 7-21），玻璃桌面呈圆角三角形，桌子支架则是两个互相反扣的盖帽型，并且也都呈圆角三角形，结构精确，细节入微。使简单的形状既富有机造型的趣味，又需人琢磨一番才能体会设计的内在精髓。在现代主义流行高潮的 1948 年，这一设计极为罕见，它既是日用品，也是室内雕塑。

　　1950 年由英国设计师欧内斯特·雷斯（Ernest Race）设计的羚羊椅（Antelope Chair，图 7-22），框架结构由钢管弯曲而成，充满想象力。其座面则是用胶合板模压而成，并被涂以黄、蓝、红、灰等色彩。其腿足有小圆球，反映出当时人们对原子物理、粒子化学颇感兴趣的时代潮流，也反应出当时的欧洲理性设计。

图 7-22　羚羊椅，1950

　　意大利设计师皮耶罗·弗纳赛迪（Piero Fornasetti）1950 年设计的太阳椅（Sun Chair，图 7-23），本身的造型非常简洁现代。其靠背和座面由一次性模压弯曲成型的胶合木板制成，曲线流畅而优美，中心有一个拟人化的太阳，光芒四射，照耀着整个椅面。

　　受传统绘画和艺术的影响，弗纳赛迪十分崇尚装饰，并以此来挑战二战后，也就是 20 世纪 50 年代呆板、单调的设计趣味。太阳椅的装饰图案与椅子整

图 7-23　太阳椅，1950

体巧妙结合，给人强烈的视觉冲击，还带有超现实主义的色彩，是造型与装饰的完美结合。

图 7-24　雏菊椅，1950

意大利设计师弗兰克·阿尔比尼（Franco Albini，图 7-24）1950 年设计的雏菊椅（Daisy Chair）由藤条编制而成，使得椅子看起来玲珑通透，极富交错的韵律美，被称为"意大利面条"。雏菊椅比例恰当，线条优美流畅，笼子式的结构舒适、透气而又富有弹性。藤条本身自然的浅黄色再配上嫩黄柔软的圆坐垫就好似一朵绽放的雏菊，给人以清新脱俗的美感，非常符合当时中产阶级的审美情趣。

图 7-25　钻石安乐椅，1952

钻石安乐椅（Diamond Anil Chair，图 7-25）由意大利设计师哈里·贝尔托亚（Harry Bertoia）设计，椅子腿为手工弯曲与焊接的钢管制成。其三维弯曲的金属网状座面和靠背，与直线形金属支架形成对比，钢丝外面涂以乙烯基树脂，闪闪发光。

贝尔托亚喜爱用金属材料，他的这件安乐椅被人形容为"像雕塑一样，主要由空气组成，使空间贯穿于其中"。椅子的软垫置于金属的框架上，与网状的座面和靠背形成质感上的对比，软与硬、光滑与粗糙，让人感觉既温馨又现代。

蚁椅（Ant Chair，图 7–26）是安恩·雅各布森（Arne Jacobsen）的代表作之一，于 1952 年为诺沃公司设计，因其形状酷似蚂蚁而得名。虽然现在为了追求更稳定的效果做成了四条腿，但最开始时的设计为三条腿。这把椅子采用了当时的最新技术，即热压胶合板整体成型，具有雕塑般的美感。

图 7–26　蚁椅，1952

水滴椅（Drop Chair，图 7–27）是雅各布森为哥本哈根雷迪森皇家酒店设计的，设计之初数量非常有限。该酒店停用后，这款设计独特的椅子也随之尘封，50 多年后才开始重新露面生产，水滴椅依旧抢眼，是设计师经典时尚的代表作之一。

图 7–27　水滴椅，1958

天鹅椅（Swan Chair，图 7–28）是雅各布森于 1958 年至 1960 年为哥本哈根皇家饭店设计，这家饭店拥有他大多数的设计作品，大到家具、灯具、织物，小到酒杯、餐具，甚至是门的把手，所有作品都很实用。20 世纪 50 年代中期，丹麦的家具制造商弗里兹·汉森，获得了一种新方法的使用权，这种方法是在椅子内部浇铸，使得其外壳成为一个连

图 7–28　天鹅椅，1958—1960

续的整体。得知这一信息后，雅各布森开始设计能够应用这种技术的椅子。雅各布森在其由车库改成的工作室里以石膏模型的形式，像雕刻那样，制成了天鹅椅原型。天鹅椅因其外观宛如一只静态的天鹅而得名，在制造技术上十分创新。此椅身由曲面构成，流畅而具有雕塑般的美感，完全看不到任何笔直的线条。其选择了合成材料，包裹泡绵后再覆以布料或皮革，表现出雅各布森对材质应用的极致追求。

雅各布森是 20 世纪最有影响力的建筑师兼设计师之一，被称为"北欧现代主义之父"，是丹麦功能主义的倡导人。

图 7-29　蝴蝶凳，1954

蝴蝶凳（Butterfly Stool，图 7-29）由柳宗理（Sori Yanagi）设计。柳宗理 1936 年在东京艺术大学学习，受到包豪斯和柯布西耶的影响，但其主要兴趣还是在日本的乡土文化上。在他看来，民间工艺可以让人们从中汲取美的源泉，促使人们反思现代化的真正意义。

蝴蝶凳充分利用胶合板材料的特点，结合部受力时不仅不会破坏交接力，而且能加强其结构力度，相当巧妙。蝴蝶凳是现代化的日本产品设计的象征，也是东西方文化相互交融的代表作之一，它完美地将功能主义和传统主义融为一体，设计师对木纹的强调也反映了日本传统对自然材料的偏爱。整体上体现出了日本在处理传统与现代社会时的"双轨制"，即一方面保留传统与民间手工艺，以求延续本民族的传统文化；另一方面，在材料和技术上实行"拿来主义"方针。

丹麦设计师南娜·迪策尔（Nanna Ditzel）将大师的气质与女性的情感融为一体，非常注重产品的形式与情感因素。在家具设计方面，她对具有节奏和韵律美感的圆弧、环形等几何造型有着特别的偏爱，多年来一直沉迷于蝴蝶这种大自然造化的美丽昆虫，并将从中汲取的灵感用于家具设计，创造了一系列的蝴蝶椅（Butterfly Chair，图 7-30），成为现代家具设计史中非常独特的珍品。

图 7-30　蝴蝶椅，20 世纪 50 年代

现代家具设计大师乔治·尼尔森于 1956年设计的一种创意性家具棉花糖沙发（图 7-31），源自童年对棉花糖的美好回忆。其不仅可以在家里使用，而且可以放置于环境迥异的公共大厅内，其与众不同的外观无疑是一道靓丽的风景线。

图 7-31　棉花糖沙发，1956

早在 20 世纪 20 年代晚期，意大利设计师吉奥·庞蒂（Gio Ponti）就曾写道："工业，就是 20 世纪的风格，也是 20 世纪造物的样式。"随着时间的流逝，意大利和其他各国逐渐被技术的力量所征服，这一睿智的判断不断回响在人们耳边。在庞蒂包括建筑、家具和灯具在内的所有作品背后，主要考虑的就是如何帮助人们提升生活质量，在给人们带来欢乐的同时，满足其个人对轻盈感和通透感的感性偏好，"超轻椅"（Ultra Light Chair，图 7-32）便是吉奥·庞蒂最经典的设计之一。

图 7-32　超轻椅，1955—1957

图 7-33　阿拉贝斯克茶几，1954—1962

卡洛·莫里诺（Carlo Mollino）是意大利设计学派的先锋人物，也被认为是最不寻常、最标新立异的设计师之一。他不追随大批量生产，更倾向于作坊中的小批量制作，设计大胆而充满幻想。有机且富有美感的流线是莫里诺家具标志性的设计语言。

阿拉贝斯克茶几（Arabesco Table，图 7-33）使用模压胶合板与玻璃两种材质，相得益彰，交相辉映。弯曲的胶合板能实现流畅优美的曲线造型，既含使用功能又有艺术表现力，有着有机形态的雕塑美感。

20 世纪 60 年代初，芬兰最大的家具企业 Asko 公司请艾洛·阿尼奥（Eero Aarnio）设计一种塑料椅，以求改变公司多年以木头为主材的传统面貌。1963 年至 1965 年间，艾洛·阿尼奥用合成材料反复试制其新型设计，用新闻纸和糨糊作原材料，在藤编家具的启发下，设计出一种适于塑料制作的面貌全新的坐具——球椅（Ball Chair，图 7-34），并于 1966 年科隆家具博览会上一夜成名。

球椅，看似航天舱，是用最简单的几何球形设计而成。设计师把球体切掉一部分，再固定于一点，这一设计带来绝妙的结果，一个完全颠覆传统的椅子形态诞生

图 7-34　球椅，1963—1965

了。艾洛·阿尼奥完全抓住了那个时代最
动人心弦的精神，从而使他的球椅成为一
种时代的象征。

　　球椅主体采用玻璃纤维制成，塑造了
一种舒适、安静的气氛，使用者坐在里面
会觉得无比放松，避开了外界的喧嚣。同
时椅子底部可以转动，使用者在享受清
静时还能环顾四周的美景。

图 7-35　Up 系列坐具，1969

　　Up 系列坐具（图 7-35）由加埃塔
诺·佩谢（Gaetano Pesce）设计，是由聚
氨酯泡沫、织物表面组成的坐具。它可以
被压缩到原来体积的十分之一大小，并能
存放在扁平的密封盒子里，但当被取出的
时候，会迅速恢复到原来的形状和尺寸。

图 7-36　玛丽莲椅，1972

　　玛丽莲椅（Marilyn Chair，图 7-36）
由日本设计师矶崎新（Arata Isozaki）于
1972 年设计，靠背为一条优美的曲线，如
玛丽莲·梦露优美迷人的身姿。尤其是椅
子的侧面轮廓，靠背下部凸起，椅子腿部
明显弯曲，恰当的比例和流畅的线条体现
了女性的柔美。

　　弗兰克·盖里（Frank Gehry）设计
的由瓦楞纸板做成的皱褶椅（Wiggle Side
Chair，图 7-37），以具有奇特的曲线造型

图 7-37　瓦楞纸板做成的皱褶椅，1972

外观而著称。瓦楞纸板做成的皱褶椅作为设计史上的经典之作已经被多家博物馆收藏，60 层瓦楞纸板外镶嵌着纤维板边框，坐在上面远比人们想象得舒适。弗兰克·盖里可能是世界上第一个利用纸板做系统家具的人，也正是 Easy Edges 系列纸板家具，使得这位建筑师在媒体和大众心中获得了最早的口碑。Vitra 的新工艺使这些瓦楞纸椅子和桌子可以适应大批量生产的需要，并且还为它们涂上了颜色。这些比实木轻巧、柔软，同时也相当坚固的家具，散发着淡淡的瓦楞纸板的清香，一款名为"海狸"的扶手椅更是憨态可掬。

图 7-38　安娜皇后椅，1985

图 7-39　"月亮有多高"椅子，1986

罗伯特·文丘里（Robert Venturi）为美国建筑师，是一名他经常会制作一些家具来表达自己的设计观念与风格。与 20 世纪 80 年代其他设计师和建筑师相同，文丘里非常反感现代主义对设计领域的支配性影响，并试图发展出具有戏谑、装饰、夸张与历史感的设计风格。对于文丘里而言，在后现代主义时期，"复杂"与"矛盾"是比功能主义和理性主义更好的口号。

安娜皇后椅（Queen Anna's Chair，图 7-38）绝不只是简单的混搭作品，实际上还是一次大胆的实验。设计师从各种地方、各个时期汲取设计灵感，令作品看起来非常前卫并蕴含着深刻含义。从这把椅子中能明显看出设计者对历史元素与现代精神的挪用与拼接。

由仓俣史郎（Shiro Kuramata）设计的"月亮有多高"椅子（How High is the Moon Chair，图 7-39），兼具宽大的体形和

轻便的重量，完美地处理了视觉与结构上的矛盾性。这把椅子由一块镀镍钢丝网制成，这种材料具有一定的强度，看上去还会显得若有若无。仓俣史郎将充满诗意、梦幻般的优雅感觉注入实用主义的设计之中，创造性地发明出一种运用通透感来塑造形体的表现方式，令使用者可以从其外部一直看到内部结构。随着角度变化，这把椅子在我们的眼前能隐去身影，确实就像那逐渐消逝的银色月光一样。

在技术创新的支持下，"月亮有多高"椅子呈现出一种简约而又不失抒情的美学，也体现出 20 世纪 80 年代日本设计的精髓，它提醒着西方设计去尊重传统，并重新思考在欧美国家占据主流位置的现代主义观念。

感觉椅（Felt Chair，图 7-40）由马克·纽森（Marc Newson）设计，椅子的与众不同之处在于其用强化的玻璃纤维外壳向后和向下形成支撑的弧形结构。与常见的椅子刚好相反，通常椅子的空间是留给人坐的，而感觉椅却把空间留给自身。

图 7-40 感觉椅，1989

课后讨论

1. 选择三款经典家具设计案例进行分析。

2. 选择一款经典的家具设计作品进行临摹，并以它为原型设计一款新的现代家具。

附 录
中外家具年表

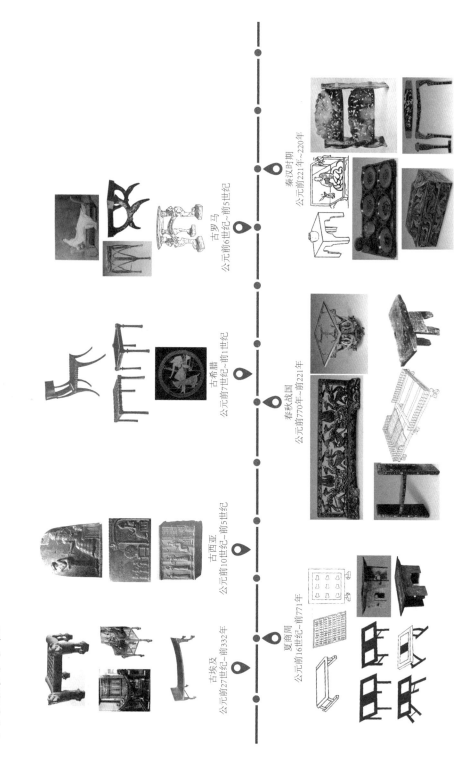

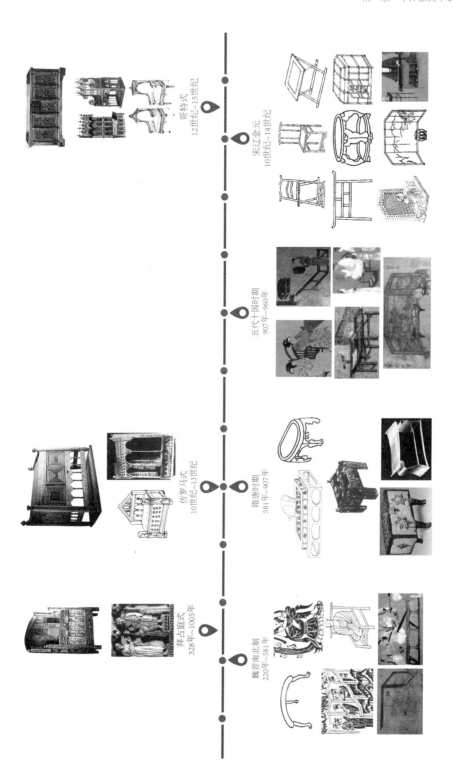

哥特式
12世纪～15世纪

宋辽金元
10世纪～14世纪

仿罗马式
10世纪～13世纪

五代十国时期
907年～960年

拜占庭式
328年～1005年

隋唐时期
581年～907年

魏晋南北朝
220年～581年

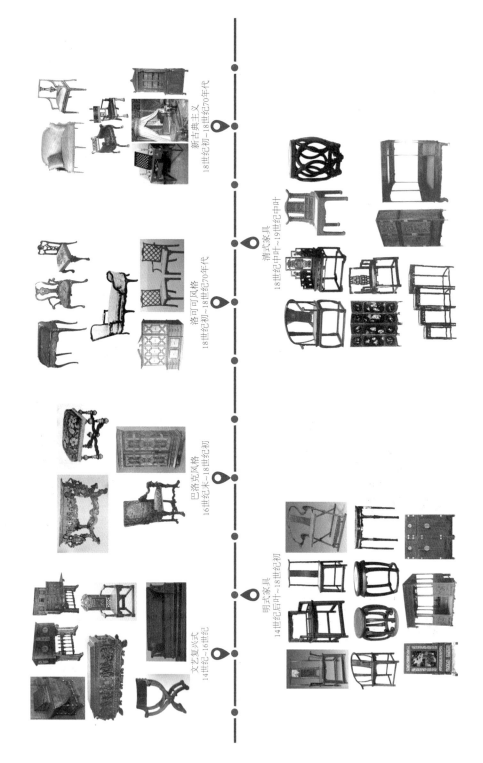

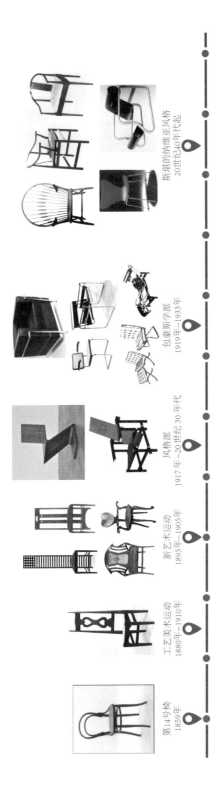

第14号椅
1859年

工艺美术运动
1880年~1910年

新艺术运动
1895年~1905年

风格派
1917年~20世纪30年代

包豪斯学派
1919年~1933年

斯堪的纳维亚风格
20世纪40年代起

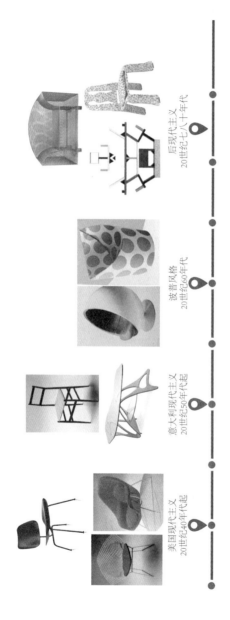

后现代主义
20世纪七八十年代

波普风格
20世纪60年代

意大利现代主义
20世纪50年代起

美国现代主义
20世纪40年代起

"博雅大学堂·设计学专业规划教材"架构

为促进设计学科教学的繁荣和发展，北京大学出版社特邀请东南大学艺术学院凌继尧教授主编一套"博雅大学堂·设计学专业规划教材"，涵括基础/共同课、视觉传达设计、环境艺术设计、工业设计/产品设计、动漫设计/多媒体设计五个设计专业。每本书均邀请设计领域的一流专家、学者或有教学特色的中青年骨干教师撰写，深入浅出，注重实用性，并配有相关的教学课件，希望能借此推动设计教学的发展，方便相关院校老师的教学。

1. 基础/共同课系列

设计美学概论、设计概论、中国设计史、西方设计史、设计基础、设计速写、设计素描、设计色彩、设计思维、设计表达、设计管理、设计鉴赏、设计心理学

2. 视觉传达设计系列

平面设计概论、图形创意、摄影基础、字体设计、版式设计、图形设计、标志设计、VI设计、品牌设计、包装设计、广告设计、书籍装帧设计、招贴设计、手绘插图设计

3. 环境艺术设计系列

环境艺术设计概论、城市规划设计、景观设计、公共艺术设计、展示设计、室内设计、居室空间设计、商业空间设计、办公空间设计、照明设计、建筑设计初步、建筑设计、建筑图的表达与绘制、环境手绘图表现技法、环境效果图表现技法、装饰材料与构造、材料与施工、人体工程学

4. 工业设计/产品设计系列

工业设计概论、工业设计原理、工业设计史、工业设计工程学、工业设计制图、产品设计、产品设计创意表达、产品设计程序与方法、产品形态设计、产品模型制作、产品设计手绘表现技法、产品设计材料与工艺、用户体验设计、家具设计、人机工程学

5. 动漫设计/多媒体设计系列

动漫概论、二维动画基础、三维动画基础、动漫技法、动漫运动规律、动漫剧本创作、动漫动作设计、动漫造型设计、动漫场景设计、影视特效、影视后期合成、网页设计、信息设计、互动设计